高等职业教育课程改革系列教材

电气 CAD

主　编　刘彦超
副主编　张　伟　宋飞燕　杨成武
参　编　程秀玲　王爱林　薛小倩

机械工业出版社

本书结合具体实例详细讲解 AutoCAD 2014 Electrical 的基本知识及其在电气制图中的实际应用，重点培养读者利用 AutoCAD 2014 Electrical 绘制电气工程图的技能，提高读者独立分析问题和解决问题的能力。

全书共分 7 个学习情境，主要内容包括初探电气 CAD、基本图形的绘制、基本图形的编辑、电气工程图的构建、工程图的绘制、编辑工程图和工程图实战。

本书内容系统、层次清晰、实用性强，可作为高职高专院校电气自动化技术、机电一体化技术以及其他相关专业的教材用书，也可用作 AutoCAD 电气绘图培训班的教材和电气工程技术人员的自学用书。

为方便教学，本书有电子课件、模拟试卷及答案等教学资源，凡选用本书作为授课教材的教师，均可通过电话（010－88379564）或 QQ（2314073523）咨询，有任何技术问题也可通过以上方式联系。

图书在版编目（CIP）数据

电气 CAD／刘彦超主编 . —北京：机械工业出版社，2020.12（2021.7 重印）
高等职业教育课程改革系列教材
ISBN 978-7-111-66950-0

Ⅰ.①电…　Ⅱ.①刘…　Ⅲ.①电气设备–计算机辅助设计–AutoCAD 软件–高等职业教育–教材　Ⅳ.①TM02－39

中国版本图书馆 CIP 数据核字（2020）第 228398 号

机械工业出版社（北京市百万庄大街 22 号　邮政编码 100037）
策划编辑：曲世海　责任编辑：曲世海　王　宁
责任校对：王　欣　封面设计：马精明
责任印制：单爱军
北京虎彩文化传播有限公司印刷
2021 年 7 月第 1 版第 2 次印刷
184mm×260mm · 16.5 印张 · 407 千字
标准书号：ISBN 978-7-111-66950-0
定价：56.00 元

电话服务　　　　　　　网络服务
客服电话：010-88361066　机　工　官　网：www.cmpbook.com
　　　　　010-88379833　机　工　官　博：weibo.com/cmp1952
　　　　　010-68326294　金　书　网：www.golden-book.com
封底无防伪标均为盗版　机工教育服务网：www.cmpedu.com

前　言

　　AutoCAD 是美国 Autodesk 公司研发的一款优秀的计算机辅助设计及绘图软件，已广泛应用于需要绘图的各个领域。

　　近年来，随着我国经济的迅猛发展，市场上急需大量的懂技术、懂设计、懂计算机操作的应用型高技能人才。为此，我们基于职业院校的教学需要和社会上对 AutoCAD 软件应用人才的需求编写了本书，它主要面向电气自动化技术、机电一体化技术等相关专业。

　　本书也是一本技能应用速成图书，主要应用于电气设计领域。它以 AutoCAD 2014 Electrical 中文版为设计平台，详细而系统地介绍了运用 AutoCAD Electrical 进行电气设计的基本方法和操作技巧。通过学习本书，读者能掌握 AutoCAD Electrical 的常用命令及作图技巧、能使用 AutoCAD Electrical 进行电气工程图样的设计、能领悟绘制电气工程图的精髓。

　　本书内容解说精细，操作实例通俗易懂，具有很强的实用性、操作性和技巧性。在内容编排方面一改同类图书手册型的编写方式，在介绍每部分的基本命令、概念和功能的同时，始终遵循与实际应用相结合、学以致用的原则，使读者对讲解的工具命令具有深刻和形象的理解，有助于培养读者应用 AutoCAD Electrical 基本工具完成设计、绘图的能力。

　　本书的特点：

　　1. 循序渐进、通俗易懂。本书完全按照初学者的学习规律和习惯，由浅入深、由易到难安排每部分的内容，可以让初学者在实战中掌握 AutoCAD Electrical 的基础知识及其在电气设计中的应用。

　　2. 案例丰富、技术全面。本书的每一个学习情景都是软件的一个专题，每一个案例都包含了多个知识点，读者按照本书进行学习，同时可以举一反三，达到入门并精通的目的。

　　3. 本书的学习情景 4 到学习情景 7 主要以电气工程、机电一体化工程等方面的综合性电气图为例，讲解了应用 AutoCAD Electrical 绘制电气工程图的方法。其中学习情景 7 以 C620-1 型车床为实例，详细讲解了原理图、布置图及布线图的画法，这将为学生以后的工作实践打下坚实的基础。

　　由于软件本身的原因，本书中的某些电气元件符号采用的是非国标符号。

　　全书由刘彦超任主编，张伟、宋飞燕和杨成武任副主编，参加编写的还有程秀玲、王爱林和薛小倩。由于编者水平有限，书中难免存在疏漏之处，敬请读者批评指正。

编　者

目　录

学习情境1

初探电气CAD

学习目标

知识目标：掌握电气 CAD 的概念，了解 AutoCAD Electrical 软件及其发展，掌握 AutoCAD Electrical 软件的安装，认知电气工程图的分类，了解电气工程图的绘制对象，认识 AutoCAD Electrical 软件的工作界面。

能力目标：培养学生利用网络资源进行资料收集的能力；培养学生获取、筛选信息和制定工作计划、方案及实施、检查和评价的能力；培养学生独立分析、解决问题的能力；培养学生的团队工作、交流和组织协调的能力与责任心。

素质目标：培养学生养成严谨细致、一丝不苟的工作作风和严格按照国家标准绘图的习惯；培养学生的自信、竞争和效率意识；培养学生爱岗敬业、诚实守信、服务群众和奉献社会等职业道德。

子学习情境1.1　认识电气 CAD 及软件安装

情境导入

工作任务单

情　　境	学习情境 1　初探电气 CAD					
任务概况	任务名称	认识电气 CAD 及软件安装	日期	班级	学习小组	负责人
	组员					
任务载体和资讯	<td colspan="2">载体：多媒体设备（制作 PPT 汇报小组学习情况）。</td>					
			资讯： 1. 什么是 AutoCAD Electrical？（重点） 2. AutoCAD 软件的发展。 3. 电气工程图的绘制对象。（重点） 4. 电气工程图样的类型。（重点）				

任务载体和资讯		①电路原理图。（重点）②电气元件布置图。（重点）③电气安装接线图。（重点） 5. AutoCAD Electrical 软件的安装。（重点）
任务目标	1. 了解 AutoCAD Electrical 软件的发展历程。 2. 了解电气工程图样的类型。 3. 掌握 AutoCAD Electrical 软件的安装。	
任务要求	**前期准备**：小组分工合作，通过网络收集电气工程图与 ACE 软件的资料。 **书写"你认知的电气 CAD" PPT 汇报文稿。** **汇报文稿要求**：①主题要突出。②内容不要偏离主题。③要有条理。④不要空话连篇。⑤提纲挈领，忌大段文字。 **汇报技巧**：①不要自说自话，要与听众有眼神交流。②衣着得体。③语速要张弛有度。④体态自然。	

知识链接

1.1.1 关于 AutoCAD

1. 认识 AutoCAD

什么是 AutoCAD?
AutoCAD 的英文全拼为 Auto Computer Aided Design，意思是计算机自动辅助设计，主要用于机械工程、电气工程、建筑工程及服装设计的图样绘制。 CAD 即计算机辅助设计，它是利用计算机及其图形设备帮助设计人员进行设计工作的软件，是美国 Autodesk 公司于 1982 年推出的一款软件。利用该软件，结合设计人员的设计思路，即可轻松绘制出漂亮的图样。 传统的手绘图样是利用各种绘图仪器和工具进行绘图的，其劳动强度相当大，如果其中数据有误，修改起来相当麻烦。而使用 AutoCAD 软件绘图，其绘图效率会事半功倍。设计人员只需边制图边修改，直到绘制出满意的结果，然后利用图形输出设备，将其打印出来即可完工。如果发现图样数据有误，只需动一下鼠标或键盘即可轻松修改。
AutoCAD 软件的应用
AutoCAD 软件具有绘制二维图形、三维图形，标注图形，协同设计和图样管理等功能，被广泛应用于机械、建筑、电子、航天、石油、化工、地质等领域，是目前世界上使用最为广泛的计算机绘图软件之一。

在机械领域中的应用	在建筑领域中的应用	在电气工程中的应用	在服装领域中的应用
CAD 技术在机械设计中的应用主要集中在零件与装配图的实体生成中。它彻底更新了设计手段和设计方法，摆脱了传统设计模式的束缚，引进了现代设计观念，促进了机械制造业的高速发展。 　　在绘制机械三维图时，使用 AutoCAD 三维功能更能体现该软件的实用性和可用性，其具体表现为以下四点： 　　① 零件的设计更快捷。 　　② 装配零件更加直观可视。 　　③ 缩短了机械设计的周期。 　　④ 提高了机械产品的技术含量和质量。	在绘制建筑工程图时，一般要用到三种以上的制图软件，例如AutoCAD、3ds Max、 Photoshop 软件等。其中 AutoCAD 软件是建筑制图的核心制图软件，设计人员通过该软件，可以轻松表现出他们所需要的设计效果。	在电气设计中，AutoCAD 主要应用在制图和一部分辅助计算方面。电气设计的最终产品是图样，设计人员需要对功能和美观方面的要求进行综合考量，并需要具备一定的设计概括能力，从而利用 AutoCAD 软件绘制出设计图样。	随着科技的发展，服装行业也逐渐应用 CAD 设计技术。该技术融合了设计师的理念、技术经验，并通过计算机强大的计算功能，使服装设计更加科学化、高效化。目前，服装 CAD 技术可进行服装款式图的绘制、对基础样板进行放码、对完成的衣片进行排料、对完成的排料方案直接通过服装裁剪系统进行裁剪等。

AutoCAD 软件的基本功能

　　想要学好 AutoCAD 软件，前提是要了解该软件的基本功能，例如图形的创建与编辑、图形的标注、图形的显示以及图形的打印功能等。下面将介绍几项 AutoCAD 的基本功能。

图形的创建与编辑	图形的标注	图形的输出与打印	图形显示控制	Internet 功能
在 AutoCAD 软件中，用户可使用"直线""圆""矩形""多边形""多段线"等基本命令创建二维图形。待图形创建好后，用户也可使用"偏移""复制""镜像""填充""修剪"以及"阵列"等编辑命令，对二维图形进行编辑或修改。 　　对于二维图形，	图形标注是制图过程中一个较为重要的环节。AutoCAD 软件提供了文字标注、尺寸标注以及表格标注等功能。 　　AutoCAD 的标注功能不仅提供了线性、半径和角度三	AutoCAD 不仅允许将所绘制的图形以不同样式通过绘图仪或打印机输出，还能将不同格式的图形导入 AutoCAD	在 Auto-CAD 中，用户可以多种方式放大或缩小图形。而对于三维图形来说，利用"缩放"功能可改变当前视口中的图形视觉尺寸，以便清晰地查看到图形的全部或某一细节。	利用 AutoCAD 强大的 Internet 工具，可以在网络上发布图形、访问和存取，为用户间共享资源和信息，同步进行设计、讨论、演示，获得外界消息等提供了极大的帮助。 　　网络传递功能可以把 AutoCAD 图形及相关文件进行打包或制成可执行文件，然后将其以单个数据包的形式传递给客户和工作组成员。

3

用户可通过拉伸、设置标高和厚度等操作，将其转换为三维图形，并且还可运用视图命令对三维图形进行旋转查看。此外，还可将三维实体赋予光源和材质，再通过渲染处理，就可以得到一张具有真实感的图像。	种基本标注类型，还提供了引线标注、公差标注及粗糙度标注等。标注的对象可以是二维图形，也可以是三维图形。	软件，或将 CAD 图形以其他格式输出，这使得 Auto-CAD 的灵活性大大增强。	在三维视图中，用户可将绘图窗口划分成多个视口，并从各视口中查看该三维实体。	AutoCAD 的超级链接功能可以将图形对象与其他对象建立链接关系。此外，AutoCAD 提供了一种既安全又适用于在网上发布的 dwf 文件格式，用户可以使用 Autodesk DWF Viewer 来查看或打印 dwf 文件的图形集，也可以查看 dwf 文件中包含的图层信息、图样、图样集特性、块信息和属性以及自定义特性等信息。

AutoCAD 的发展历程

AutoCAD 是美国 Autodesk 公司于 1982 年推出的一种通用的微机辅助绘图和设计软件包，其容量大小为 360KB，无菜单，命令需要死记硬背，其执行方式类似 DOS 命令。

到 1992 年，Autodesk 公司推出了 DOS 版的 AutoCAD 12.0，该软件具有成熟完备的功能，提供了完善的 Autolisp 语言进行二次开发，许多机械、建筑和电路设计的专业 CAD 就是在这一版本上开发的。同年，公司还推出了适用于 Windows 操作系统的 AutoCAD 12.0，软件界面上出现了工具条，使得操作更加人性化。

现在 Autodesk 公司已发展出多个行业专用版本服务于不同行业，如在机械设计与制造行业中发行了 AutoCAD Mechanical 版本，在电子电路设计行业中发行了 AutoCAD Electrical 版本，在勘测、土方工程与道路设计发行了 Autodesk Civil 3D 版本。一般没有特殊要求的服装、机械、电子、建筑行业的公司都是用的 AutoCAD Simplified 版本。

了解 AutoCAD Electrical

AutoCAD Electrical 简称 ACE，ACE 是在 AtuoCAD 通用平台上二次开发出来的，除了有 AutoCAD 的所有优点外，还具有：①自动生成元件明细表。②自动生成导线编号。③自动生成元件编号。④自动实现如触点与线圈之类的交叉参考。⑤其图幅可智能分区。⑥可实现库元件的全局更新。⑦父子元件自动跟踪。⑧原理图线号自动导入到屏柜接线图。⑨生成参数化 PLC 模块等。

ACE 的工作机制如何？首先，一张图样对应一个 dwg 文件，一个项目文件管理多个 dwg 文件，从而组成一整套图样。每张图样上有一个图框。各种元件符号实际上就是 AutoCAD 的块定义的。从根本上来说，ACE 就是根据块的文件名、块的各个属性名及属性值，还有图层名来构成整个图样的。一张 ACE 原理图就是在一个图框中放入各种元件符号（AutoCAD 块文件）并根据电气原理用导线将其连接好的 dwg 文件。

ACE 具有极大的开放性，它与 Microsoft 的 Excel 和 Access 直接交换数据。事实上，每个 ACE 项目文件就有一个对应的 Access 数据库做后盾来实现其智能化的功能。这是一个快照型的数据库文件，用来将项目文件中各 dwg 文件内的数据抓取出来供 ACE 的程序使用。

ACE 中的图样文件是一个纯粹的 dwg 文件，因此具有极大的通用性。

ACE 的数据存在 dwg 文件中，不需要后台数据库的支持，它所用的 mdb 文件只是辅助性文件，图文操作可充分利用 AutoCAD 的各种功能，因此具有极大的灵活性。

2. 电气工程图

电气工程图样的类型

电路原理图反映了电气设备的工作原理，它画出了所有电气元件的导电部件和接线端点，但它并不反应电气元件的实际形状、大小和安装位置。电路原理图如图 1-1-1 所示。

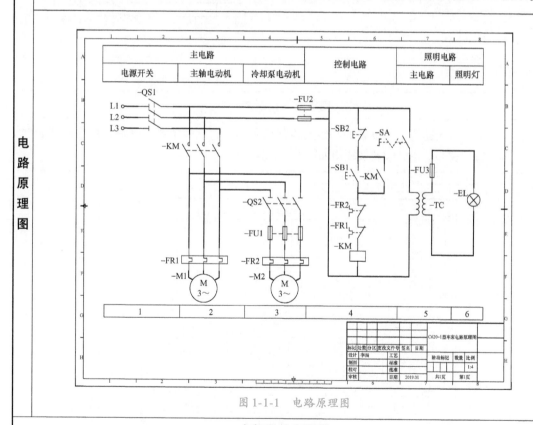

图 1-1-1 电路原理图

电气元件布置图

电气元件布置图主要用来表明电气设备的实际安装位置，它为电气控制设备的制造、安装、维修提供必要的资料。电气元件布置图如图 1-1-2 所示。

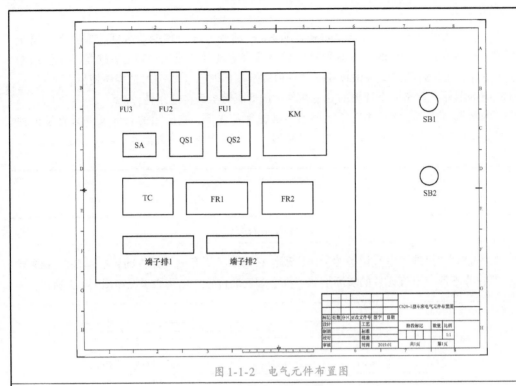

图 1-1-2　电气元件布置图

电气安装接线图

电气安装接线图是为电气设备的配线及检修服务的，它反映了各电气设备的空间位置和相互之间的接线关系。电气安装接线图如图 1-1-3 所示。

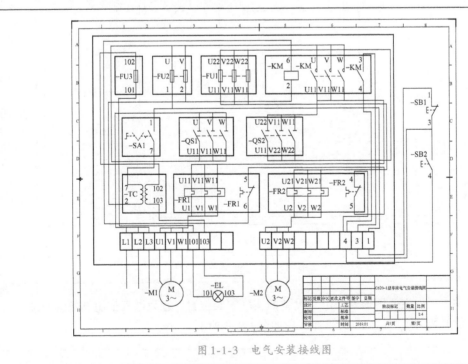

图 1-1-3　电气安装接线图

电气工程图的绘制对象

电气工程图是按照统一的规范绘制的，采用标准图形和文字符号表示实际电气工程的安装、接线、功能、原理及供配电关系等的简图。

电气工程的绘制对象主要有：①内线工程（主要包括室内动力、照明电气线路等）。②外线工程（主要包括电压在35kV以下的架空电力线路、电缆电力线路等室外电源供电线路）。③变配电工程（主要包括35kV以下的变压器、高低压设备、继电保护和相关的二次设备、接线机构等）。④弱电工程（主要指电话、广播、闭路电视、安全报警系统等弱电信号线路和设备）。

1.1.2 AutoCAD Electrical 的安装

解压安装文件

1）如果计算机是32位系统，请使用文件名为"32"的安装包；如果计算机是64位系统，请使用文件名为"64"的安装包。软件安装包如图1-1-4所示。

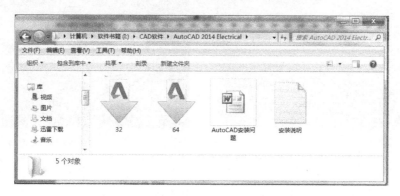

图1-1-4 软件安装包

2）在弹出的对话框中，选择要把安装文件解压缩到的什么位置，默认的路径为 C:\Autodesk\，也可以改到其他路径，如 D:\Autodesk\ 或 F:\Autodesk\，安装之后可以删除该文件。更改安装包解压位置如图1-1-5所示。

图1-1-5 更改安装包解压位置

3）解压时间大约为30min，解压完后，程序将自动安装 CAD 2014。若没有自动安装，可以打开安装文件解压缩的位置，双击 Setup. exe 文件。解压安装包如图1-1-6所示。

图 1-1-6　解压安装包

安装 AutoCAD Electrical 2014

1）程序完成初始化以后，自动进入安装界面，鼠标单击"安装"按钮，然后进入安装许可协议，默认国家是中国，右下角选择"我接受"，单击"下一步"按钮。软件安装界面和许可协议界面如图1-1-7和图1-1-8所示。

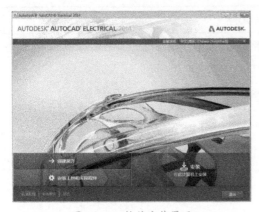

图 1-1-7　软件安装界面

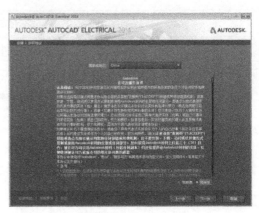

图 1-1-8　许可协议界面

2）进入产品信息界面，默认语言为"中文（简体）"，许可类型选"单机"，产品信息选择"我有我的产品信息"，并填写 AutoCAD 2014 软件的序列号及产品密钥，然后单击"下一步"按钮。产品信息界面以及安装路径如图1-1-9和图1-1-10所示。

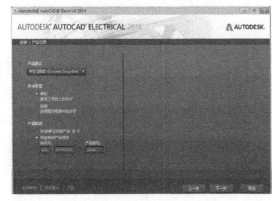

图 1-1-9　产品信息界面

图 1-1-10　确定安装路径

3）安装结束后，桌面上就可以看到图 1-1-11 所示的图标。

图 1-1-11　软件的快捷启动图标

软件激活

1）安装完成后，将自动弹出"激活"界面，如图 1-1-12 所示。

图 1-1-12　软件激活界面

2）单击"激活"按钮，将弹出图 1-1-13 所示对话框。

图 1-1-13　激活选项界面

3）选择"我具有 Autodesk 提供的激活码"，并输入激活码，再单击"下一步"按钮，之后软件将提示激活成功，如图 1-1-14 所示。

图 1-1-14　激活完成界面

子学习情境 1.2　软件的工作界面

工作任务单

情　　境	学习情境 1　初探电气 CAD					
任务概况	任务名称	软件的工作界面	日期	班级	学习小组	负责人
	组员					
任务载体和资讯			载体：多媒体设备（制作 PPT 汇报小组学习情况）。			
			资讯： 1. 标题栏。 ①菜单浏览器。②快速访问工具栏。③信息中心。 2. 功能区选项卡和功能面板。 3. 菜单栏和工具栏。 4. 绘图区和坐标系。 5. 项目管理器与信息窗口。 6. 命令行。			

任务载体和资讯		7. 状态栏。 8. 快捷菜单。 9. 命令的调用方法。
任务目标	1. 了解 AutoCAD Electrical 的工作界面。 2. 掌握坐标数据的输入方法。 3. 掌握命令的调用方法。	
任务要求	**前期准备**：小组分工合作，通过网络收集有关 AutoCAD Electrical 工作界面的资料。 **书写"AutoCAD Electrical 工作界面"PPT 汇报文稿。** **汇报文稿要求**：①主题要突出。②内容不要偏离主题。③要有条理。④不要空话连篇。⑤提纲挈领，忌大段文字。 **汇报技巧**：①不要自说自话，要与听众有眼神交流。②衣着得体。③语速要张弛有度。④体态自然。	

 知识链接

ACE 软件从 2009 版本开始，其界面发生了比较大的改变，提供了多种工作空间模式，即"草图与注释""三维基础""三维建模"和"AutoCAD 经典"。正常安装并首次启动 AutoCAD 2014 软件时，系统将以默认的"草图与注释"界面显示出来，如图 1-2-1 所示。

其界面主要由标题栏、功能区选项卡、项目管理器、信息窗口、绘图区（工作窗口）、命令行和状态栏等元素组成。其中标题栏包含"菜单浏览器"按钮、快速访问工具栏、标题、信息中心及窗口控制区，功能区选项卡包含默认、项目、原理图、面板、报告等。

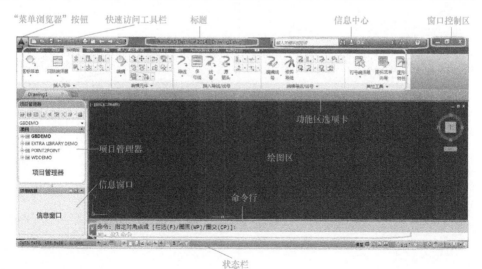

图 1-2-1 ACE 软件的工作界面

1.2.1 标题栏

1. 菜单浏览器

菜单浏览器

窗口最左上角的 ▲ 按钮为"菜单浏览器"按钮，单击该按钮会出现下拉菜单，如"新建""打开""保存""打印"和"发布"等。

在菜单浏览器中，后面带有 ▶ 符号的命令表示还有子菜单；如果命令为灰色，则表示该命令在当前状态下不可用。

注意：在菜单浏览器的右下方有一个"选项"按钮，单击该按钮可打开"选项"对话框，进而可设置绘图环境。

菜单浏览器如图 1-2-2 所示。

图 1-2-2 菜单浏览器

如何将 CAD 图样文件插入到 Word 文档中？

在菜单浏览器中，单击"输出"，在"输出为其他格式"的列表中单击最下边的小黑三角，出现"其他格式"选项，单击"其他格式"，在弹出的"输出数据"对话框中，选择文件类型为图元文件（＊.wmf）或位图（＊.bmp）。选择保存路径，输入文件名，最后单击"保存"按钮，然后光标会变为拾取框形式，这时可框选要输出的图样部分，然后按空格或回车键确认，这时在存储路径中会出现一个"＊.wmf"或"＊.bmp"文件。打开 Word 文档，单击"插入"，并找到这个"＊.wmf"或"＊.bmp"文件插入即可，如图 1-2-3 和图 1-2-4 所示。

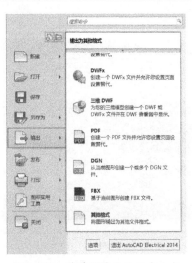

图 1-2-3 菜单浏览器的输出方式

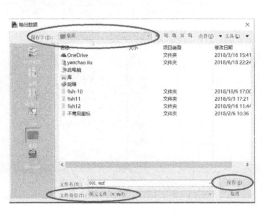

图 1-2-4 "输出数据"对话框

2. 快速访问工具栏

快速访问工具栏

默认的快速访问工具栏中集成了新建、打开、保存、放弃、重做、打印、项目管理器、上一个项目图形、下一个项目图形、浏览器和"倒三角"按钮  11 个工具，主要的作用在于快速启用某些功能，如图1-2-5所示。

图 1-2-5　快速访问工具栏

如果单击"倒三角"按钮，将弹出一个菜单列表（如图1-2-6所示），可根据需要添加一些工具按钮到快速访问工具栏中。默认勾选新建、打开、保存、放弃、重做、打印，也可以勾选"工作空间"，将"工作空间"的图标 ACADE 二维草图与注... 在快速访问工具栏中显示出来。

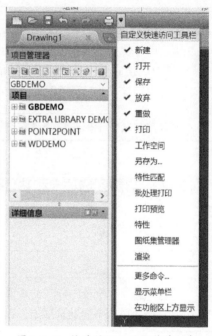

图 1-2-6　快速访问工具栏菜单列表

注意

当不小心将项目管理器关掉后，可以单击快速访问工具栏中图标 ，重新打开项目管理器。

工作空间的切换

单击"工作空间"图标 ACADE 二维草图与注... 后面的"小三角"按钮，可在弹出的下拉菜单中选择自己需要的工作空间，也可在最下面的状态栏右侧，单击"切换工作空间"按钮 ，来切换相应的工作空间。工作空间列表如图1-2-7所示。

这里的工作空间其实指的就是工作环境，比如我是一名外科医生，那我的工作环境就是手术室；我是一名厨师，那我的工作环境就是厨房。干什么工作就要选什么样的工作环境，当选择了不同的工作空间后，软件界面中的内容及格式都会随之发生变化。

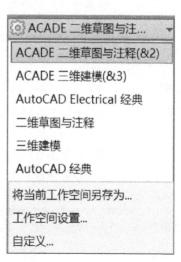

图 1-2-7　工作空间列表

3. 其他

标题
标题位于标题栏的中央，用于显示软件版本号及当前打开的文件名称。
信息中心
信息中心位于标题的右侧，包括"搜索框""登录""AutoDesk网站链接"和"软件更新"，其中"搜索框"用于搜索帮助信息。
窗口控制区
窗口控制区位于标题栏的最右侧，包括"最小化""最大化"及"关闭"按钮。

1.2.2 功能区选项卡和功能面板

1. 功能区选项卡

功能区选项卡
功能区选项卡位于标题栏的下部，包括"默认""项目""原理图""面板"和"输入/输出数据"等，单击不同的选项卡，就会显示出与之相对应的一系列功能面板

"默认"选项卡	 该选项卡用于绘制和编辑最基本的图形，如直线、圆、矩形等。利用这些基本图形，可以搭建元件库中没有的图块。
"项目"选项卡	 该选项卡用于管理和编辑项目图样集，项目图样集可以理解为是一个包含很多张图样的文件夹。 注意：当不小心将项目管理器关掉时，可以单击该选项卡下的"管理器"图标，重新打开项目管理器。
"原理图"选项卡	该选项卡用于绘制电路原理图，可以在该选项卡环境下插入或编辑元件及导线。

"面板"选项卡	
	该选项卡用于绘制电气元件的面板、电气元件布置图及电气安装接线图。
"报告"选项卡	
	当图样绘制完成后，软件会自动生成一个表格，该表格称为 BOM 表，在该表格中，软件将会自动列举出所有使用过的电气元件。"报告"选项卡用于修改和编辑 BOM 表。
"输入/输出数据"选项卡	
	"输入/输出数据"选项卡用于将 CAD 文件中的数据输出到其他软件中，或将其他软件中的数据输入到 CAD 文件中，例如：可将 Excel 表格输入到 CAD 文件中，也可将 CAD 文件输入到 Excel 文件中。

2. 功能面板

功能面板
功能面板位于相应的选项卡中，不同的选项卡中有不同的功能面板，例如，在"默认"选项卡下包括"绘图""修改"和"图层"等面板。   单击功能面板上的图标，可调用与之对应的命令。
功能面板的展开
有的面板下侧有一个"倒三角"按钮 ▼，单击该按钮会展开该面板相关的操作命令，如单击"修改"面板下方的倒三角按钮，会展开其他相关的命令，如图1-2-8所示。

图1-2-8 功能面板的展开

功能面板的折叠	
在选项卡区的右侧有一个图标，单击旁边的"倒三角"按钮，将弹出一个下拉菜单，可以进行相应选择，从而把功能面板适度折叠起来。 如图1-2-9和图1-2-10所示，连续单击，可循环显示不同折叠形式的选项卡。	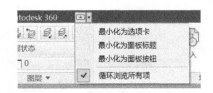 图1-2-9　折叠功能面板的选项

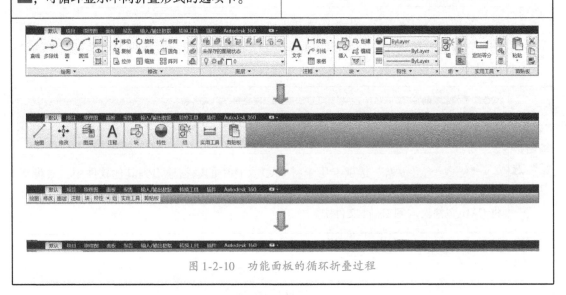

图1-2-10　功能面板的循环折叠过程

3. 如何打开功能区选项卡及其功能面板

打开功能区选项卡及其功能面板	
有时由于误操作，可能会把功能区选项卡关掉，那怎样将其打开呢？ 如图1-2-11所示，可以按如下步骤再次打开功能区选项卡： 在菜单栏中，单击"工具"图标→在下拉列表中单击"选项板"→单击"选项板"中的"功能区"，即可显示功能区选项卡及其功能面板。	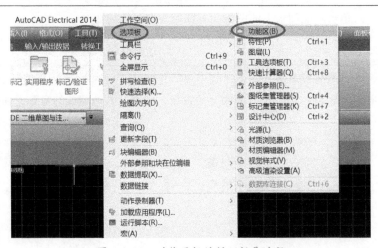 图1-2-11　功能面板的循环折叠过程

1.2.3 菜单栏和工具栏

菜单栏

默认状态下菜单栏和工具栏处于隐藏状态。如果要显示菜单栏，可单击快速访问工具栏右侧的"倒三角"按钮，接着在弹出的下拉列表中选择"显示菜单栏"，即可显示 Auto-CAD 的菜单栏。

同样的方法，从弹出列表框中选择"隐藏菜单栏"，即可隐藏 AutoCAD 的菜单栏，如图 1-2-12 和图 1-2-13 所示。

图 1-2-13　菜单栏

图 1-2-12　显示/隐藏菜单栏

工具栏

如果要将 AutoCAD 的某个工具栏显示出来，可以在菜单栏中选择"工具"→"工具栏"，然后从弹出的下拉菜单中选择相应的工具栏即可，如图 1-2-14 所示。

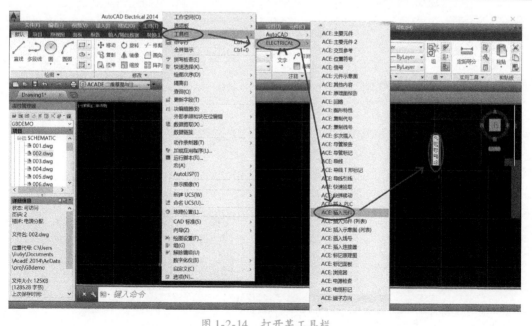

图 1-2-14　打开某工具栏

1.2.4 绘图区和坐标系

绘图区	
	绘图区是用户进行绘图的工作区域，所有的绘图结果都反映在这个窗口中。在绘图窗口中不仅显示当前的绘图结果，而且还显示用户当前使用的坐标系图标以及坐标系的原点、X 轴和 Y 轴，如图 1-2-15 所示。  图 1-2-15 坐标系原点的标记
知识 点滴	右击绘图区，在弹出下拉菜单中单击"平移"，光标变小手。**这时可按下鼠标左键，拖拽并浏览图样。**
	右击绘图区，在弹出下拉菜单中单击"缩放"，光标变放大镜。这时可向前推动鼠标，以放大图样，向后拉动鼠标，以缩小图样；也可滑动鼠标中键的滚轮，以放大或缩小图样。
修改绘图区的背景颜色	
	鼠标右击"绘图区"，在下拉菜单中选择"选项"，即可弹出选项对话框，然后如图 1-2-16 所示，设置绘图区的背景颜色。 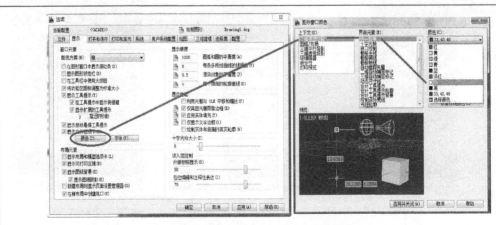 图 1-2-16 修改绘图区的背景颜色

AutoCAD 的坐标系	
AutoCAD 软件的坐标系包括世界坐标系和用户坐标系。	
世界坐标系	世界坐标系（World Coordinate System）简称 WCS，是 AutoCAD 的基础坐标系，它由 3 个相互垂直并相交的坐标轴 X、Y、Z 组成。在绘制和编辑图形的过程中，WCS 是预设的坐标系，其坐标原点和坐标轴都不会改变。 在默认情况下，X 轴以水平向右为正方向，Y 轴以垂直向上为正方向，Z 轴以垂直屏幕向外为正方向（其坐标值由系统自动赋值为 0），坐标原点在绘图区左下角，三个坐标轴的交汇处显示方形标记"□"。
用户坐标系	在绘制三维图形时，用户需要经常改变坐标系的原点和坐标方向，使绘图更加方便，AutoCAD 提供了可改变坐标原点和坐标方向的坐标系，即用户坐标系，简称 UCS。在用户坐标系中，可以任意指定或移动原点和选择坐标轴，从而将世界坐标系改为用户坐标系，用户坐标轴的交汇处没有方形标记"□"。
	提示　1）用户要改变坐标系的位置，首先在命令行中输入"UCS"命令，接着将光标移至新的位置，最后按 Enter 键即可。 2）若要将用户坐标系改为世界坐标系，首先在命令行中输入"UCS"命令，然后在命令行中选择"世界（W）"选项，则其坐标轴位置回到原点位置。
坐标的数据格式	
AutoCAD 的坐标数据主要有 3 种格式：绝对坐标、相对坐标、相对极坐标。	
绝对坐标	绝对坐标分为绝对直角坐标和绝对极轴坐标两种。其中绝对直角坐标以笛卡儿坐标系的原点（0，0，0）为基点定位，用户可以通过输入（x，y，z）坐标的方式来定义一个点的位置。
相对坐标	相对坐标是以上一点（前一次绘图确定的点）为坐标原点确定下一点的位置。输入相对于上一点坐标（x，y，z）的坐标增量（Δx，Δy，Δz）时，其格式为（@x，y,z），这里的"@"字符表明其后数据是上一点的偏移量。在输入"@"字符时，在英文输入法状态下，按 Shift + 2 组合键即得到该字符。
相对极坐标	相对极坐标是以上一点为参考极点，通过输入极距增量和角度值来定义下一个点的位置的。其输入格式为"@距离<角度"，其中@是相对符号。
提示	在 AutoCAD 2014 的绘图过程中，一般不连续地输入绝对坐标，在命令行中用绝对坐标方式输入基点后，将会使用相对坐标方式输入其他点，这样绘图更加方便，因为当图形确定后相对坐标值就很清楚了，不用再计算绝对坐标值。

1.2.5 项目管理器与信息窗口

1. 项目管理器

作用：用于打开或创建包含一个或多个图形的项目，并配置项目范围内的参数，如图 1-2-17 所示。

项目管理器中的按钮		
	打开项目	在弹出的"选择项目文件"对话框中，浏览并打开项目。
	新建项目	创建新项目后，新项目自动成为激活项目。
	新建图形	创建图形文件并将其添加到激活项目中。
	刷新	刷新项目管理器中的图形列表，更新图形文件。
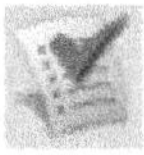	项目任务列表	对激活项目内的所有修改过的图形文件执行待定更新。
	在项目范围内进行更新/重新标记	对激活项目内选定图形文件的相关线参考号、交互参考文字、装置标记和信号参考进行更新。
	图形列表显示配置	配置显示选项，共有十个值可与列出的图形关联，可以根据需要显示信息。
	发布/打印	对激活项目中的一个或多个图形进行批处理打印。

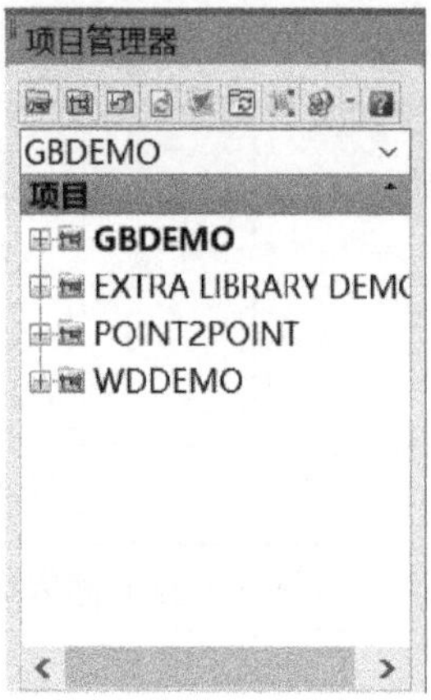

图 1-2-17　项目管理器

打开/关闭项目管理器
① 单击"项目"选项卡→"项目工具"面板→"管理器"，可打开项目管理器。 ② 在快速访问工具栏中单击"项目管理器"按钮，可打开项目管理器。

项目快捷菜单
在项目名称上右击可以显示以下选项，如图 1-2-18 所示。 1）激活：使打开的项目成为 AutoCAD Electrical 任务中的激活项目。此选项还会将项目名称发送到对话框的顶部。

2）关闭：关闭某个打开的项目。

3）全部展开：展开项目中的所有文件夹。

4）全部收拢：收拢项目中的所有文件夹。

5）添加子文件夹：在项目中添加新文件夹。

6）展平结构：将所有图形移出文件夹，使图形以展平的列表形式直接显示在项目名称下。

7）描述：编辑项目描述。可打开项目描述输入对话框，填写后，项目描述会出现在图样标题栏中。

8）标题栏更新：自动更新激活图形或整个项目图形集的标题栏信息。

9）图样清单报告：生成一个报告，其内容是标题栏的项目图形信息，例如图形描述、分区和文件名等。

10）将DWG文件名称替换为小写：将项目中的所有图形名称更改为小写。

11）将DWG文件名称替换为大写：将项目中的所有图形名称更改为大写。

12）排序：对项目中的图形按名称字母顺序进行排序。如果项目中包含文件夹，则对文件夹中包含的图形进行排序。

13）新建图形：创建图形文件并将其添加到激活项目中。

14）添加图形：将一个或多个图形添加到激活项目中。

15）添加激活图形：将激活图形添加到激活项目中。

16）删除图形：从当前项目中删除一个或多个图形。注意：图形文件本身不会被删除，只是其不再位于当前项目中。

图 1-2-18　项目快捷菜单

2. 信息窗口

信息窗口	
信息窗口显示项目管理器中选中文件的相关信息。 如图1-2-19所示，单击项目管理器中项目GBDEMO下的子项目SCHEMATIC中的图样文件001.dwg，信息窗口中将会显示它的文件名、存储路径以及文件大小等。	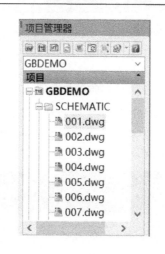 
	图1-2-19　信息窗口与项目管理器的对应关系

1.2.6 命令行

默认情况下，命令行位于绘图区的下方，用于输入系统命令或显示命令的提示信息。

在命令行窗口输入命令

命令行窗口中输入的命令名字符不分大小写。在窗口中输入命令（如 CIRCLE）并按 Enter 键后，将出现提示信息，如图 1-2-20 所示。

图 1-2-20　命令行窗口

在命令行窗口中输入命令缩写

AutoCAD 中的快捷键是绘图人员必须要掌握的，基本上 AutoCAD 中的命令都有相应的快捷键，即命令缩写，如 L（LINE）、C（CIRCLE）、A（ARC）、PL（PLINE）、Z（ZOOM）、AR（ARRAY）、M（MOVE）、CO（COPY）、RO（ROTATE）、E（ERASE）等。

在命令行输入命令缩写后，ACE 软件会按字母表顺序将所有相关命令都显示出来，以便用户选择，如图 1-2-21 所示。

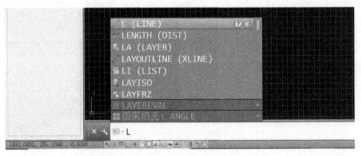

图 1-2-21　输入快捷命令

命令行选项

不管是在选项卡功能面板或菜单栏中选取命令，还是在命令行中输入命令，都会在命令行窗口中给出相应的提示选项。如在默认选项卡的绘图功能面板上单击圆的绘制工具后，命令行中会出现一系列选项，如图 1-2-22 所示。

图 1-2-22　命令行选项

选项中未带括号的提示为默认选项（如指定圆点圆心），可以直接输入该选项的值（如圆心坐标值（200，300））或在屏幕指定一点。

如果要选择其他选项（如两点），则应直接输入其标识字符（2P）或单击命令行中方括号内的提示选项；如要选择"放弃"，则应该输入其标识字符"U"。有些命令行中，提示命令选项内容后面有时会带有尖括号，尖括号内的数值为默认数值。

AutoCAD 文本窗口

按 F2 键时，系统会显示出"AutoCAD 文本窗口"，此文本窗口也称专业命令窗口，用于记录在窗口中操作的所有命令。在此窗口中输入命令，按 Enter 键可以执行相应的命令，如图 1-2-23所示。

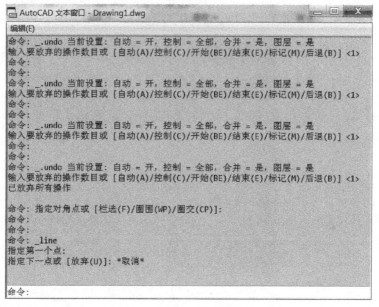

图 1-2-23　AutoCAD 文本窗口

打开/关闭"命令行"窗口

如图 1-2-24 所示，首先调出菜单栏，然后单击菜单栏中的"工具"，再单击下拉菜单中的"命令行"图标，即可打开/关闭"命令行"窗口。

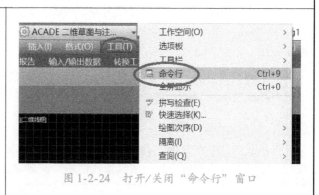

图 1-2-24　打开/关闭"命令行"窗口

1.2.7　状态栏

状态栏位于 AutoCAD 2014 窗口的最下方，用于显示当前光标位置、各种绘图工具集合以及绘图环境设置工具等，如图 1-2-25 所示。

图 1-2-25　状态栏

状态栏中当前光标位置坐标
当前光标位置的显示方式有 3 种，它取决于所选择的方式和程序中运行的命令，可单击状态栏的坐标显示区域，在这 3 种方式之间进行切换。 　　① 模式 0（静态显示）：显示上一个拾取点的绝对坐标。此时，指针坐标不能动态更新，只有在拾取一个新点时，显示才会更新。而且从键盘输入一个新点坐标时，不会改变该显示方式。 　　② 模式 1（动态显示）：显示光标的绝对坐标，该值是动态更新的。默认情况下，此显示方式是打开的。 　　③ 模式 2（距离和角度显示）：显示一个相对极坐标。当选择该方式时，如果当前处在拾取点状态，系统将显示光标所在位置相对于上一个点的距离和角度；当离开拾取点状态时，系统将恢复到模式 1。
状态栏中的绘图工具
如图 1-2-26 所示，绘图工具集从左到右依次为"推断约束""捕捉模式""栅格显示""正交模式""极轴追踪""对象捕捉""三维对象捕捉""对象捕捉追踪""允许/禁止动态 UCS""动态输入""显示/隐藏线宽""显示/隐藏透明度""快捷特性"和"选择循环"等按钮。 图 1-2-26　状态栏中的绘图工具
状态栏中的绘图环境设置工具
绘图环境设置工具从左到右依次为"模型""快速查看布局""快速查看图形""注释比例""注释可见性""切换空间""锁定""硬件加速关""隔离对象"和"全屏显示"等按钮，如图 1-2-27 所示。 图 1-2-27　状态栏中的绘图环境设置工具

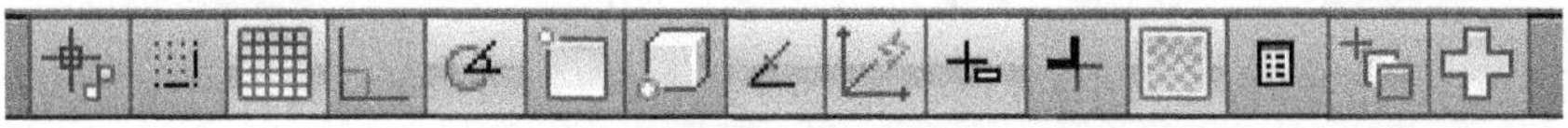

可以使用"切换空间"按钮，切换工作空间并显示当前工作空间的名称；使用"锁定"按钮，锁定工具栏和窗口的当前位置；使用"全屏显示"按钮，展开图形显示区域。

1.2.8 快捷菜单

快捷菜单
右击 ACE 界面中绘图区、状态栏、工具栏、模型或布局选项卡上的空白处，系统会弹出快捷菜单，其显示的命令内容与右击对象及当前状态相关，如图 1-2-28 所示。

图 1-2-28 快捷菜单

1.2.9 "选项" 对话框

在 AutoCAD 软件中，"选项" 对话框的作用主要是设置软件的工作环境，例如：可以在"选项" 对话框中设置绘图区的背景颜色、光标的大小等。

怎样打开"选项"对话框
① 菜单浏览器：单击窗口最左上角的 "菜单浏览器" 按钮，在菜单浏览器下拉菜单中，选中右下方的 "选项"，即可打开"选项"对话框。 ② 命令行：在命令行中输入 "OPTIONS" 命令（快捷命令为 "OP"），并按 Enter 键。 ③ 快捷菜单：在绘图区的空白区域右击，在弹出的快捷菜单中选择 "选项（O）" 命令。

选项对话框的简介
如图 1-2-29 所示，"选项" 对话框包括 "文件" "显示" "打开和保存" "打印和发布" "系统" "用户系统配置" "绘图" "三维建模" "选择集" "配置" 和 "联机" 选项卡。

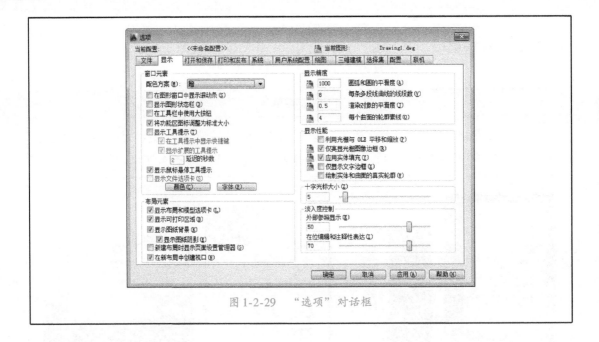

图 1-2-29 "选项"对话框

1.2.10 命令的调用

1. 命令的调用方法

在 AutoCAD 软件中，命令的调用方法大致分为三种，分别为使用功能区命令调用、使用命令行调用以及使用菜单栏命令调用。下面将分别对这几种方法进行介绍。

使用功能区调用命令
功能区是该软件所有绘图命令集中所在的区域。在执行绘图命令时，用户直接单击功能区中所需执行的命令即可。例如，要调用"直线"命令时，则单击"默认→绘图→直线"命令。此时，命令行中会显示直线命令的相关提示信息，根据该信息即可绘制直线，如图 1-2-30 所示。 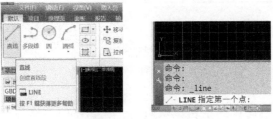 图 1-2-30 使用功能区调用命令
使用命令行调用命令
对于一些习惯用快捷键绘图的用户来说，使用命令行调用相关命令确实很方便。在命令行中输入所需执行的命令，例如：输入"PL"（多段线）命令后，按下 Enter 键，此时在命令行中就会显示当前命令的操作信息，按照该提示信息即可执行操作，如图 1-2-31 所示。

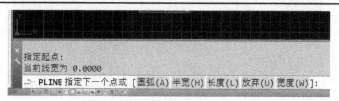

图 1-2-31 使用命令行调用命令

如图 1-2-32 所示，在命令行中，单击"最近使用的命令"按钮，在打开的列表中，用户同样可以调用所需命令。

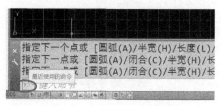

图 1-2-32 显示最近使用的命令

使用菜单栏调用命令

在菜单栏中，用户也可调用所需命令。下面将以调用"圆"命令为例，介绍如何使用菜单栏进行调用命令的操作。

1）单击快速访问工具栏右侧下拉按钮。

2）在下拉列表中选择"显示菜单栏"选项，如图 1-2-33 所示。

3）在显示的菜单栏中单击"绘图→圆"命令，并在其级联菜单中选择绘制的圆的类型，即可调用该命令，如图 1-2-34 所示。

图 1-2-33 显示菜单栏

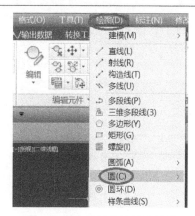

图 1-2-34 利用菜单栏绘制圆

2. 命令中止和重做

命令中止和重做

在 AutoCAD 中绘制图形时，对所执行的操作可以进行中止和重复操作。

命令中止	命令重做
在执行命令过程中，用户可以对任何命令进行中止。可使用以下方法：①快捷键：按 Esc 键。②右键：右击鼠标，从弹出的快捷菜单中选择"取消"命令。	如果错误地撤销了正确的操作，可以通过"重做"命令进行还原。可使用以下方法：①工具栏：单击快速访问工具栏中的"重做"按钮。②快捷键：按下 Ctrl + Y 组合键，可以撤销最近一次操作。③命令行：在命令行输入"Redo"命令并按 Enter 键。④在命令行中直接按 Enter 键或空格键，可重复调用上一个命令，不管上一个命令是完成了还是被取消了。

3. 透明命令操作

透明命令操作
AutoCAD 透明命令是指一个命令还没结束，中间插入另一个命令，执行后再继续完成前一个命令。此时插入的命令被称为透明命令。插入透明命令是为了更方便地完成第一个命令。 常见的透明命令有"视图缩放""视图平移""系统变量设置""对象捕捉""正交"以及"极轴"等。下面将以绘制矩形中线为例，介绍如何使用透明命令的操作。

透明命令操作的示例	
1）执行"直线"命令后，右击状态栏中的"对象捕捉"按钮 ▢，单击 ⟋ 中点，如图 1-2-35 所示。	2）将光标移至矩形内，捕捉矩形两侧中点为直线的起点和端点，完成中线的绘制，如图 1-2-36 所示。
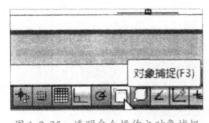 图 1-2-35　透明命令操作之对象捕捉	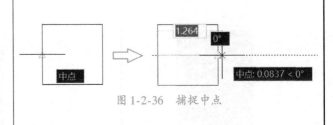 图 1-2-36　捕捉中点

1.2.11　ACE 软件怎样恢复至默认设置

怎样恢复至默认设置
"开始"菜单→所有程序→Autodesk→AutoCAD Electrical 2014→将设置重置为默认值。

学习情境2

基本图形的绘制

学习目标

　　知识目标：掌握点、直线、矩形、多边形、圆、圆弧、椭圆、多段线及样条曲线等基本图形的绘制；掌握捕捉和极轴追踪的方法；掌握利用复制方式快速绘图的方法。

　　能力目标：培养学生利用网络资源进行资料收集的能力；培养学生获取、筛选信息和制定工作计划、方案及实施、检查和评价的能力；培养学生独立分析、解决问题的能力；培养学生的团队工作、交流和组织协调的能力与责任心。

　　素质目标：培养学生养成严谨细致、一丝不苟的工作作风和严格按照国家标准绘图的习惯；培养学生的自信、竞争和效率意识；培养学生爱岗敬业、诚实守信、服务群众和奉献社会等职业道德。

子学习情境2.1　基本图形元件的绘制（一）

情境导入

工作任务单

情　　境	学习情境2　基本图形的绘制				
任务概况	任务名称	基本图形元件的绘制（一）	日期	班级	学习小组	负责人
	组员					
任务载体和资讯			载体：AutoCAD Electrical 软件。 资讯： 1. 直线的绘制。（重点） 2. 直线绘制的透明操作命令。（重点） 3. 点的绘制。 4. 矩形的绘制。（重点） 5. 多边形的绘制。 6. 圆的绘制。（重点）				

任务目标	1. 掌握直线和点的绘制方法。 2. 掌握矩形及多边形的绘制方法。 3. 掌握圆的绘制方法。
任务要求	**前期准备：**小组分工合作，通过网络收集 ACE 软件中基本图形绘制的资料。 **上机实验要求：** 1. 实验前必须按教师要求进行预习，并写出实验预习报告，无预习报告者不得进行实验；按照教师布置的实验要求、任务进行实验操作，实验过程中发现问题应举手请教师或实验管理人员解答。 2. 按要求及时整理实验数据，撰写实验报告，完成后统一交给教师批改。 **任务成果：**一份完整的实验报告。 **实验报告要求：**实验报告是实验工作的全面总结，要用简明的形式将实验结果完整和真实地表达出来。因此，实验报告质量的好坏将体现学生的理解能力和动手能力。 1. 要符合"实验报告"的基本格式要求。 2. 要注明：实验日期、班级、学号。 3. 要写明：实验目的、实验原理、实验内容及步骤。 4. 要求：对实验结果进行分析、总结，书写实验的收获体会、意见和建议。 5. 要求：文理通顺、简明扼要、字迹端正、图表清晰、结论正确、分析合理、讨论力求深入。

 知识链接

2.1.1 直线

绘制直线的命令是"LINE"，该命令是最基本、最简单的直线型绘图命令。

直线的绘制方法
用户可以通过以下几种方法来执行"直线"命令： ※ 面板：在"绘图"功能面板中单击"直线"图标 。 ※ 命令行：在命令行中输入或动态输入"LINE"命令（快捷命令为"L"）并按 Enter 键。 启动该命令后，根据命令提示指定直线的起点和下一点，即可绘制出一条直线段，再按 Enter 键进行确定，完成直线的绘制。

命令行提示选项
※ 指定第一点：要求用户指定线段的起点。 ※ 指定下一点：要求用户指定线段的下一个端点。 ※ 闭合（C）：在绘制多条线段后，如果输入"C"并按下空格键进行确定，则最后一个端点将与第一条线段的起点重合，从而组成一个封闭图形。 ※ 放弃（U）：输入"U"并按下空格键进行确定，则最后绘制的线段将被取消。
提示
AutoCAD 2014 绘制工程图时，线段长度的精确度是非常重要的。当使用"LINE"命令绘制图形时，可通过输入"相对坐标"或"极坐标"，并配合使用"对象捕捉"功能，确定直线的端点，从而快速绘制具有一定精确长度的直线。
直线绘制示例
示例1：用绝对坐标输入直线起点和端点，绘制直线段，按命令行的提示操作。 命令：LINE 指定第一点：0, 0　（按绝对坐标输入直线段的起点） 指定下一点或［放弃（U）］：100, 30　（按绝对坐标方式输入直线段的端点） 指定下一点或［放弃（U）］：　（回车） 示例2：用相对坐标输入直线的端点绘制直线段，按命令行的提示操作。 命令：LINE 指定第一点：　（单击鼠标确定直线段的起点） 指定下一点或［放弃（U）］：@100, 30　（按相对坐标方式输入直线段的端点） 指定下一点或［放弃（U）］：　（回车） 示例3：用捕捉方式获取直线起点，然后输入极轴长度与极角来绘制直线段，按命令行的提示操作 命令：LINE 指定第一点：endp　（输入 endp，启动对象捕捉功能） LINE 于：　（用鼠标捕捉上一例绘制出的直线端点） 指定下一点或［放弃（U）］：@100 < 30　（按极坐标方式输入直线段的端点） 指定下一点或［放弃（U）］：　（回车）
电器元件绘制示例
示例4：绘制二极管符号。 操作步骤如下： 1）单击"绘图"功能面板中的"直线"命令图标，绘制一条水平线，按命令行的提示进行如下操作： 指定第一点：　（单击确定直线的起点） 指定下一点或［放弃（U）］：@0, 5　（按相对坐标方式确定直线端点）

指定下一点或［放弃（U）］：　　（回车）

效果如图 2-1-1a 所示。

2）单击"绘图"功能面板中的"直线"命令图标，绘制起点在垂直直线中点，长度为 5mm 的水平直线，效果如图 2-1-1b 所示。

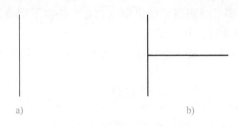

图 2-1-1　绘制二极管（1）

3）单击"绘图"功能面板中的"直线"命令按钮，绘制垂直直线上端点和水平直线右端点的连线，效果如图 2-1-2a 所示。

4）单击"绘图"功能面板中的"直线"命令按钮，绘制垂直直线下端点和水平直线右端点连线，效果如图 2-1-2b 所示。

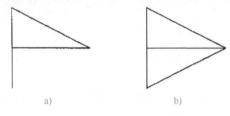

图 2-1-2　绘制二极管（2）

5）单击"绘图"功能面板中的"直线"命令图标，绘制起点在水平直线右端点，长度为 2.5mm，向上的垂直直线，效果如图 2-1-3a 所示。

6）单击"绘图"功能面板中的"直线"命令图标，绘制起点在水平直线右端点，长度为 2.5mm，向下的垂直直线，效果如图 2-1-3b 所示。

图 2-1-3　绘制二极管（3）

7）单击"绘图"功能面板中的"直线"命令图标，绘制起点在左边垂直直线中点处，长度为 2.5mm 的水平直线，效果如图 2-1-4 所示。

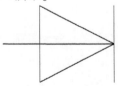

图 2-1-4　绘制二极管（4）

8）单击"绘图"功能面板中的"直线"命令图标，绘制起点在右边垂直线中点处，长度为 2.5mm 的水平直线，效果如图 2-1-5 所示。

图 2-1-5　绘制二极管（5）

2.1.2　直线绘制的透明命令操作

1. 正交模式

正交
正交是指绘制图形时在指定第一个点后，连接光标和起点的直线总是平行于 X 轴或 Y 轴。
打开"正交"模式
用户可通过以下的方法来打开或关闭"正交"功能： ※ 状态栏：单击状态栏中的"正交"图标└。 ※ 快捷键：按 F8 键。 ※ 命令行：在命令行输入或动态输入"ORTHO"命令，然后按 Enter 键。

跟踪练习：	利用正交及直线工具绘制矩形。

2. 动态输入

动态输入	
当动态输入处于启用状态时，动态提示工具将在光标附近动态显示更新信息或操作提示。当命令正在运行时，可以在工具提示文本框中指定选项和值。	
打开/关闭动态输入	
单击状态栏上的"动态输入"图标┾，可打开和关闭动态输入。 注意：按下 F12 键可以临时关闭动态输入。	
怎样打开"动态输入"选项卡	**关于"动态输入"选项卡的说明**
在"动态输入"按钮上右击，选择"设置"，可打开"动态输入"选项卡，如图 2-1-6 所示。	如图 2-1-6 所示： 1）勾选"启用指针输入"后，工具提示中的十字光标位置的坐标值将显示在光标旁

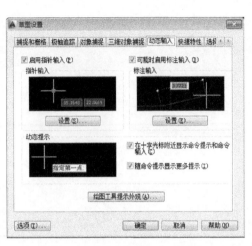

图 2-1-6 "动态输入"选项卡

边。当命令行提示用户输入点的坐标值时，可以在工具提示（而非命令窗口）窗口中输入坐标值。若同时打开指针输入和标注输入，则激活状态下的标注输入将取代指针输入。

2）勾选"可能时启用标注输入"后，可启用标注输入。当命令行提示用户输入第二个点或距离时，系统将显示标注、距离值与角度值的工具提示。标注工具提示中的值将随光标移动而更改。这时可以在工具提示窗口中输入坐标值，而不用在命令行中输入坐标值。

3）勾选了"动态提示"区的两个选项后，在绘图过程中，光标旁边将显示"命令提示"和"命令输入窗口"，这时可以在工具提示窗口中输入坐标值，而不用在命令行中输入坐标值。

2.1.3 点

1. 点的绘制

AutoCAD 中，绘制点的命令包括"POINT（点）""DIVIDE（定数等分）"和"MEAS-URE（定距等分）"，点的绘制相当于在图样的指定位置放置一个特定的符号，起到辅助工具的作用。

设置点样式
在使用点命令绘制点图形时，一般要对当前点的样式和大小进行设置。用户可以过以下几种方法来设置点样式： ※ 命令行：在命令行输入"DDPTYPE"命令。 ※ 面板：在"默认"选项卡下的"实用工具"功能面板中单击"点样式"图标，如图 2-1-7 所示。 执行"点样式"命令后，将弹出"点样式"对话框，在该对话框中，可在 20 种点样式中选择所需要的点样式图标。点的大小可在"点大小"文本框中设置，根据需要选"相对于屏幕设置大小"和"按绝对单位设置大小"。 提示：除了可以在"点样式"对话框中设置点样式外，也可以使用"PDSIZE"参数来设置点样式和大小。

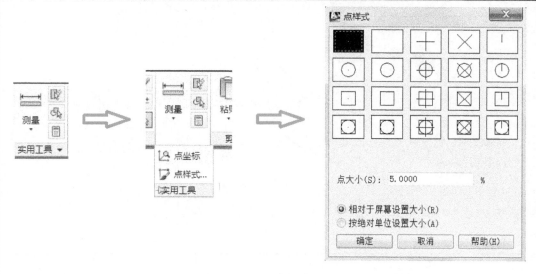

图 2-1-7　修改点样式

点的绘制方法

在 AutoCAD 2014 中，绘制单点命令的方法如下：

※ 命令行：在命令行中输入或动态输入"POINT"命令（快捷命令为"PO"）并按 Enter 键。启动单点命令后，命令行提示"指定点:"，此时用户在绘图区中单击即可在指定位置绘制点。

在 AutoCAD 2014 中，绘制多点命令的方法如下：

※ 面板：在"绘图"功能面板中单击"多点"按钮，如图 2-1-8 所示。执行多点命令后，命令行提示"指定点:"，此时用户在视图中单击即可创建多个点对象。

提示：执行"多点"命令后，可以在绘图区连续绘制多个点，直到按 Esc 键才可以终止操作。

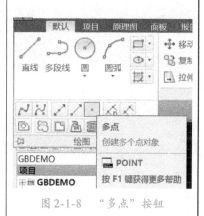

图 2-1-8　"多点"按钮

点绘制的示例

Step1	Step2
在命令行执行"DDP-TYPE"命令，打开"点样式"对话框。选中所需设置的点样式，并在"点大小"文本框中输入数值，单击"确定"按钮，如图 2-1-9 所示。	设置好点样式后，在"绘图"功能面板中单击"多点"图标（或在命令行中输入"POINT"后按 Enter 键），接着在命令行中输入点的坐标值（或在绘图区中合适位置单击指定点位置），即可完成点的绘制，如图 2-1-10 所示。

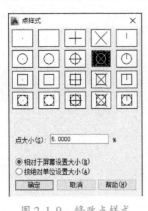 图 2-1-9　修改点样式	 图 2-1-10　绘制多点	命令行提示如下： 命令：POINT 指定点：　　（指定点位置）

2. 插入分点

定数等分

使用"定数等分"命令能够在某一图形上以等分数目创建点或插入块，被定数等分的对象可以是直线、圆、圆弧和多段线等。

操作	示例	提示
可以通过以下方式执行"定数等分"命令： ※ 面板：单击"绘图"功能面板中的"定数等分"图标。 ※ 命令行：在命令行中输入或动态输入"DIVIDE"命令（快捷命令为"DIV"）并按Enter键。	例如：要将一条长 2000mm 的线段等分为5 段。 首先单击"绘图"功能面板中的"定数等分"图标，或者在命令行中输入"DIV"命令，当命令行提示"选择要定数等分的对象："时，选择该线段，然后在"输入线段数目或[块（B）]："提示下，输入要等分的数目5，即可将线段等分为 5 段。若在"定数等分"对象以后，在图形中没有发现图形的变化与等分的点，可在"默认"选项卡的"实用工具"功能面板中单击"点样式"图标，在"点样式"对话框中选择其他点的表达方式即可。	使用"定数等分"命令创建的点对象，主要用作其他图形的捕捉点，生成的点标记起到等分测量的作用，并非将图形断开。

定距等分

定距等分"MEASURE"命令可以在所指对象上等距离创建点或图块对象。可以定距等分的对象包括圆弧、圆、椭圆、椭圆弧、多段线和样条曲线等。

操作	示例	提示
通过以下方式执行定距等分命令： ※ 面板：单击"绘图"功能面板中的"定距等分"图标 。 ※ 命令行：在命令行中输入或动态输入"MEASURE"命令（快捷命令"ME"）并按 Enter 键。	例如：要将一条长 2000mm 的线段按照间距为 600mm 进行等分。 首先执行定距等分命令，再根据命令行提示"选择要定距等分的对象："选择该线段的左端或右端，然后在"指定线段长度："提示下，输入要等分的间距值 600mm。	"定距等分"与"定数等分"命令的操作方法基本相同，都是对图形进行有规律的分隔，但前者是按指定间距插入点或图块，直到余下部分不足一个间距为止；后者则是按指定段数等分图形。

2.1.4　矩形

矩形的绘制方法有：
※ 面板：在"绘图"功能面板中单击"矩形"图标 。 ※ 命令行：在命令行中输入或动态输入"RECTANG"命令（快捷命令为"REC"）并按 Enter 键。接着指定矩形的两个对角点，即可绘制矩形。
命令行中的提示选项
※ 倒角（C）：可以绘制一个带有倒角的矩形，这时必须指定倒角的两个尺寸，如图 2-1-11a 所示。

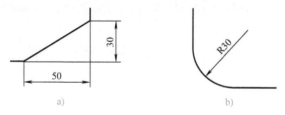

a)　　　　　　　　　　　　　　b)

图 2-1-11　倒角与圆角

※ 标高（E）：可以指定矩形所在的平面高度，该选项一般用于三维绘图。

※ 圆角（F）：可以绘制一个带有圆角的矩形，这时必须指定圆角半径，如图 2-1-11b 所示。

※ 厚度（T）：设置具有一定厚度的矩形，此选项也是用于三维绘图。

※ 宽度（W）：设置矩形的线宽。

※ 面积（A）：通过指定矩形的面积来确定矩形的长或宽。

※ 尺寸（D）：通过指定矩形的宽度、高度和矩形另一角点的方向来确定矩形。

※ 旋转（R）：通过指定矩形旋转的角度来绘制矩形。

矩形绘制示例

示例5：根据命令行的提示，绘制一个标准矩形。

命令：RECTANG

指定第一个角点或［倒角（C）/标高（E）/圆角（F）/厚度（T）/宽度（W）］：0，0
（输入矩形的第一个角点坐标）

指定另一个角点或［面积（A）/尺寸（D）/旋转（R）］：100，200
（输入矩形的第二个角点坐标）

效果如图2-1-12a所示。

示例6：根据命令行的提示，绘制一个圆角矩形。

命令：RECTANG

指定第一个角点或［倒角（C）/标高（E）/圆角（F）/厚度（T）/宽度（W）］：F
（执行绘制圆角矩形选项）

指定矩形的圆角半径 <30.0000 >： 50　　　（输入圆角半径）

指定第一个角点或［倒角（C）/标高（E）/圆角（F）/厚度（T）/宽度（W）］：
-100，-100　　　（输入矩形的第一个角点坐标）

指定另一个角点或［面积（A）/尺寸（D）/旋转（R）］：50，100　　　（输入矩形的第
二个角点坐标）

效果如图2-1-12b所示。

示例7：根据命令行的提示，绘制一个倒角矩形。

命令：RECTANG

指定第一个角点或［倒角（C）/标高（E）/圆角（F）/厚度（T）/宽度（W）］：C
（执行绘制倒角矩形选项）

指定矩形的第一个倒角距离 <0.0000 >：30　　　（输入第一个倒角距离）

指定矩形的第二个倒角距离 <30.0000 >：50　　　（输入第二个倒角距离）

指定第一个角点或［倒角（C）/标高（E）/圆角（F）/厚度（T）/宽度（W）］：
-150，-150　　　（输入矩形的第一个角点坐标）

指定另一个角点或［面积（A）/尺寸（D）/旋转（R）］：150，150　　　（输入矩形的第
二个角点坐标）

效果如图2-1-12c所示。

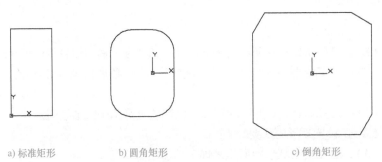

a) 标准矩形　　　　　b) 圆角矩形　　　　　　　c) 倒角矩形

图2-1-12　绘制矩形

2.1.5　多边形

多边形是由3~1024条等长的封闭线段构成的，系统默认的正多边形边数为4，用户可以通过系统变量"POLYSIDES"来设置默认的边数。

"多边形"的绘制方法
※ 面板：在"绘图"功能面板中先单击"矩形"图标 □ 旁边的向下小箭头，然后在弹出的下拉列表中单击"多边形"命令图标 ⬠。 ※ 命令行：在命令行中输入或在动态输入框中输入"POLYGON"命令（快捷命令为"POL"），并按 Enter 键。
命令行中的提示选项
※ 中心点：指定某一个点，作为正多边形的中心点。 ※ 边（E）：通过两点来确定多边形中的一条边来绘制多边形。 ※ 内接于圆（I）：通过指定正多边形内接圆的半径来绘制正多边形。 ※ 外切于圆（C）：通过指定正多边形外切圆的半径来绘制正多边形。

提示：	绘制旋转的正多边形时，要在输入圆半径后输入相应的极角值，如输入@ 50 < 45。

多边形绘制示例
示例8：绘制11边形。 输入边的数目 < 4 >：11　　（准备绘制11边形） 指定正多边形的中心点或［边（E）］：0，0　　（输入中心点坐标，屏幕出现如图2-1-13a所示随光标闪动的多边形） 输入选项［内接于圆（I）/外切于圆（C）］< I >：　　（执行输入内接圆半径选项） 指定圆的半径：10　　（输入半径值） 效果如图2-1-13b所示。

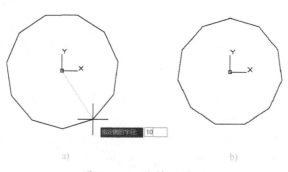

a)　　　　　　　　　　　　b)

图 2-1-13　绘制 11 边形

电线密封终端的绘制示例

示例9：绘制电线密封终端符号。

操作步骤如下：

1）单击"绘图"功能面板中的"直线"命令图标，绘制长度为10mm的垂直直线。效果如图2-1-14a所示。

2）单击"绘图"功能面板中的"正多边形"命令图标，以直线为边，在命令行的提示下，绘制等边三角形：

命令：POLYGON

输入边的数目＜4＞：3　　（确定绘制三角形）

指定正多边形的中心点或 [边（E）]：E　　（使用边绘制三角形）

指定边的第一个端点：endp　　（启动对象捕捉功能）

于　（捕捉直线下端点）

指定边的第二个端点：endp　　（启动对象捕捉功能）

于　（如图2-1-14b所示捕捉直线上的端点）

效果如图2-1-14c所示。

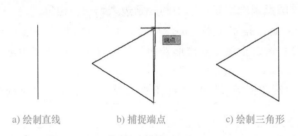

a) 绘制直线　　　　b) 捕捉端点　　　　c) 绘制三角形

图2-1-14　绘制"电线密封终端"（1）

3）单击"绘图"功能面板中的"直线"命令图标，绘制起点在三角形左边顶点，长度为10mm，水平向左的直线。效果如图2-1-15a所示。

4）单击"绘图"功能面板中的"直线"命令图标，绘制起点在三角形右边中点，长度为10mm，水平向右的直线。效果如图2-1-15b所示。

a) 绘制水平向左的直线　　　　　　　　　b) 绘制水平向右的直线

图2-1-15　绘制"电线密封终端"（2）

5）单击"修改"功能面板中的"复制对象"命令图标，把右边的直线向上复制一份，复制距离为3mm。效果如图2-1-16a所示。

6）单击"修改"功能面板中的"复制对象"命令图标，把右边的直线向下复制一份，复制距离为－3mm。效果如图2-1-16b所示。

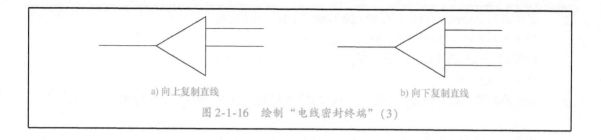

a) 向上复制直线   b) 向下复制直线

图 2-1-16   绘制"电线密封终端"（3）

2.1.6   圆

利用圆命令，通过指定圆心、半径、直径、圆周上的点等不同组合可以绘制任意大小的圆图形。

圆的绘制方法
※ 面板：在"绘图"功能面板中单击"圆"图标 。 ※ 命令行：在命令行中输入或动态输入"CIRCLE"命令（快捷命令为"C"）并按 Enter 键。
圆的其他绘制方法
单击"圆"图标 下面的小箭头，将弹出 6 种圆的不同画法，各方式的具体含义如下： ※ 圆心、半径：指定圆心点，然后输入圆的半径值即可。 ※ 圆心、直径：指定圆心点，然后输入圆的直径值即可。 ※ 两点（2P）：指定两点来绘制一个圆，而这两点的间距就是圆的直径。 ※ 三点（3P）：指定圆上三点来绘制一个圆。 ※ 切点、切点、半径（T）：和已知的两个对象相切，并输入半径值来绘制的圆。 ※ 相切、相切、相切（A）：和 3 个已知的对象相切来确定圆。
圆的调整
用户在绘制好圆对象以后，发现不是想要的效果，或大或小时，可以选中圆对象，此时会出现 5 个夹点，任意单击除圆心外的夹点，该夹点会以红色显示，这时向外或向内拖动鼠标，圆将随着鼠标的拖动而放大或缩小，当然也可以在动态输入窗口中输入半径值来修改圆的大小。
圆的绘制示例
示例 10：通过圆心和直径绘制圆，按命令行的提示操作。 命令：CIRCLE 指定圆的圆心或［三点（3P）/两点（2P）/切点、切点、半径（T）］：0，0　（输入圆心坐标）

指定圆的半径或［直径（D）］＜60.0000＞：D　　（执行输入直径选项）

指定圆的直径＜20.000＞：10　　（输入直径值）

示例 11：通过圆上的三个点绘制圆，按命令行的提示操作。

命令：CIRCLE

指定圆的圆心或［三点（3P）/两点（2P）/切点、切点、半径（T）］：3P　　（执行三点定圆选项）

指定圆上的第一个点：endp　　（捕捉三角形的端点）

于　　（如图 2-1-17a 所示，把光标靠近三角形的一个端点，单击后将捕获该端点的坐标值）

指定圆上的第二个点：

（如图 2-1-17b 所示，把光标靠近三角形的第二个端点，单击后将捕获该端点的坐标值）

指定圆上的第三个点：

（如图 2-1-17c 所示，把光标靠近三角形的第三个端点，单击后将捕获该端点的坐标值）

效果如图 2-1-17d 所示。

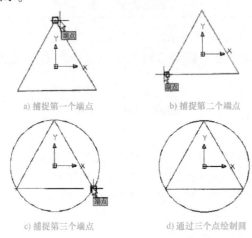

a) 捕捉第一个端点　　　　　　　　b) 捕捉第二个端点

c) 捕捉第三个端点　　　　　　　　d) 通过三个点绘制圆

图 2-1-17　三点绘圆法

双绕组变压器的绘制示例

示例 12：绘制双绕组变压器符号。

操作步骤如下：

1）单击"绘图"功能面板中的"圆"命令图标，绘制圆（ϕ10mm）。

2）单击"修改"功能面板中的"复制对象"，把圆（ϕ10mm）垂直向上复制一份，复制距离为 8mm。效果如图 2-1-18a 所示。

3）以象限点为起点，绘制长度为 3mm 垂直向上的直线。

单击"绘图"功能面板中的"直线"命令图标。

指定第一个点：qua　　（捕捉圆的象限点）

于　　（如图 2-1-18b 所示，把光标靠近圆顶部的象限点，单击后将捕获该端点的坐标值）

输入直线另一端的相对极坐标即可。效果如图 2-1-18c 所示。

4）绘制起点在如图 2-1-19a 所示象限点，长度为 3mm 垂直向下的直线，方法同前。效果如图 2-1-19b 所示。

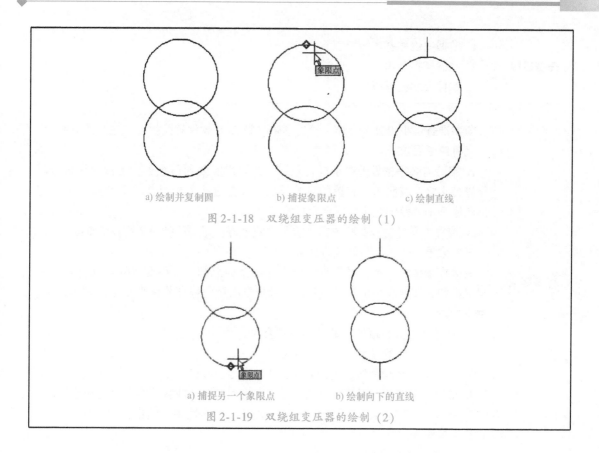

a) 绘制并复制圆   b) 捕捉象限点   c) 绘制直线

图 2-1-18　双绕组变压器的绘制（1）

a) 捕捉另一个象限点   b) 绘制向下的直线

图 2-1-19　双绕组变压器的绘制（2）

子学习情境 2.2　图形绘制的辅助工具

情境导入

工作任务单

情　　境	学习情境 2　基本图形的绘制				
任务概况	任务名称　图形绘制的辅助工具	日期	班级	学习小组	负责人
	组员				
任务载体和资讯		载体：AutoCAD Electrical 软件。 资讯： 1. 图线基本设置工具。（重点） 2. 栅格与栅格捕捉。（重点） 3. 对象捕捉。（重点） 4. 极轴追踪。 5. 尺寸测量。（重点）				

任务目标	1. 掌握图线的基本设置工具。 2. 掌握捕捉与追踪。（重点） 3. 掌握尺寸测量方法。
任务要求	**前期准备**：小组分工合作，通过网络收集 ACE 软件有关捕捉与追踪的资料。 **上机实验要求**： 1. 实验前必须按教师要求进行预习，并写出实验预习报告，无预习报告者不得进行实验；按照教师布置的实验要求、任务进行实验操作，实验过程中发现问题应举手请教师或实验管理人员解答。 2. 按要求及时整理实验数据，撰写实验报告，完成后统一交给教师批改。 **任务成果**：一份完整的实验报告。 **实验报告要求**：实验报告是实验工作的全面总结，要用简明的形式将实验结果完整和真实地表达出来。因此，实验报告质量的好坏将体现学生的理解能力、动手能力。 1. 要符合"实验报告"的基本格式要求。 2. 要注明：实验日期、班级、学号。 3. 要写明：实验目的、实验原理、实验内容及步骤。 4. 要求：对实验结果进行分析、总结，书写实验的收获体会、意见和建议。 5. 要求：文理通顺、简明扼要、字迹端正、图表清晰、结论正确、分析合理、讨论力求深入。

 知识链接

2.2.1 图线基本设置工具

设置颜色	
颜色在图形中具有非常重要的作用，可用来表示不同的组件、功能和区域。图层的颜色实际上是图层中图形对象的颜色。 　先选择某图形，然后执行如下命令即可设置图形颜色： 　※ 命令行：输入或动态输入"COLOR"命令（快捷命令为COL）并按 Enter 键。 　※ 面板：单击"默认"选项卡下"特性"功能面板中的"对象颜色"按钮。	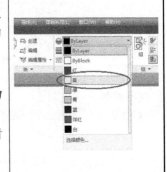

设置线宽

用户在绘制图形的过程中，应根据设计需要设置不同的线宽，以便于更直观地区分对象。

先选择某图形，然后执行如下命令即可设置图形线宽：

※ 命令行：输入或动态输入"LWEIGHT"命令（快捷命令为 LW）并按 Enter 键。

※ 面板：单击"默认"选项卡下"特性"功能面板中的"线宽"按钮。

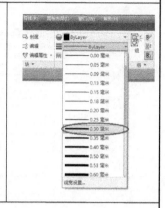

设置了线型的线宽后，应在软件界面最下面的状态栏中单击"显示/隐藏线宽"图标，才能在视图中显示出所设置的线宽。

设置线型

线型在 AutoCAD 中是指图形基本元素中线条的组成和显示方式，如虚线、实线、点画线等。

先选择某图形，然后执行如下命令即可设置图形线宽：

※ 命令行：输入或动态输入"LINETYPE"命令（快捷命令为 LT）并按 Enter 键，然后在弹出的线型管理器中选择线型即可。

※ 面板：单击"默认"选项卡下"特性"功能面板中的"线型"按钮，然后在下拉列表中选择线型即可。

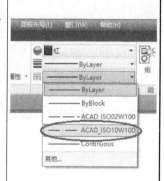

怎样加载其他线型

1）如果特性功能面板的下拉列表中没有想要使用的线型，则需要打开线型管理器。打开线型管理器的方法为："默认"选项卡→"特性"功能面板→"线型"按钮→其他→弹出"线型管理器"对话框。

2）单击"线型管理器"对话框中的"加载"按钮，然后在弹出的"加载或重载线型"对话框中选择需要加载的线型，并单击"确定"按钮，这时该线型就会被加载到"线型管理器"对话框中。

3）单击"线型管理器"对话框中的"确定"按钮后，就可以将新线型应用于绘图区了。

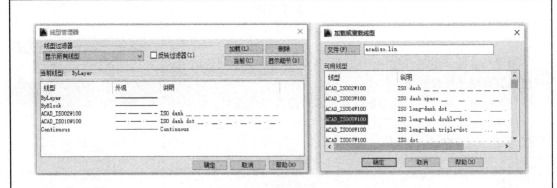

详解线型管理器

线型过滤器：确定在线型列表中显示哪些线型。

反转过滤器：根据与选定的过滤条件相反的条件显示线型。

加载：显示"加载或重载线型"对话框，从 acad.lin 或 acadlt.lin 文件中选定要加载的线型。

当前：将选定线型设定为当前线型。将当前线型设定为"BYLAYER"，意味着对象采用特定图层的线型；将线型设定为"BYBLOCK"，意味着对象采用 CONTINUOUS 线型，直到它被编组为块

删除：从图形中删除选定的线型。只能删除未使用的线型，不能删除 BYLAYER、BYBLOCK 和 CONTINUOUS 线型。

当前线型：显示当前线型的名称。

线型列表：在线型过滤器中，根据指定的选项显示已加载的线型。要迅速选定或清除所有线型，可以在线型列表中右击以显示快捷菜单。

2.2.2 栅格与栅格捕捉

1. 栅格

栅格
栅格是绘图区标定位置的一些小格子，使用它可以提供直观的距离和位置参照。
打开/关闭栅格
1) 在"草图设置"对话框的"捕捉和栅格"选项卡中，可以打开或关闭栅格功能； 2) 按快捷键 F7； 3) 在状态栏中单击图标▦。

"捕捉和栅格"选项卡		
打开"草图设置"对话框	※ 状态栏：如图2-2-1所示，在状态栏的辅助工具区的任意一个按钮位置上右击，在弹出的快捷菜单中，选择"设置"命令。 ※ 命令行：在命令行输入"DSETTINGS"命令（快捷命令为"SE"）并按Enter键。	 图 2-2-1 "捕捉和栅格"选项卡
"捕捉和栅格"选项卡的栅格设置	打开"草图设置"对话框后，再单击"捕捉和栅格"选项卡即可设置栅格。 ※ "栅格样式"选项组：用于设置在二维模型空间、块编辑器、图样/布局位置中是否显示点栅格。 ※ "栅格间距"选项组：用于设置 X 轴和 Y 轴的栅格间距，以及每条主线之间的栅格数量。 提示：栅格的显示，是以当前图形界限区域来显示的。如果用户要将当前设置的栅格满屏显示，可以在命令行中依次输入"Z"和"A"即可。 ※ "栅格行为"选项组：设置栅格的相应规则。 ◇ "自适应栅格"复选框：用于限制缩放时栅格的显示比例。 ◇ "允许以小于栅格间距的间距再拆分"复选框：放大时，生成更多间距更小的栅格线。只有勾选了"自适应栅格"复选框，此选项才有效。 ◇ "显示超出界限的栅格"复选框：用于确定是否显示图形界限之外的栅格。 ◇ "遵循动态 UCS"复选框：随着动态 UCS 的 X、Y 平面而改变栅格平面。		

2. 栅格捕捉

栅格捕捉
栅格捕捉用于捕捉不可见的横、竖栅格线的交点，打开栅格捕捉后，光标将在栅格线的交点间跳跃，光标点的坐标值将不再连续变化。
打开/关闭栅格捕捉
1）在"草图设置"对话框的"捕捉和栅格"选项卡中，可以打开或关闭捕捉功能； 2）按快捷键 F9 键； 3）在状态栏中单击图标 ▦ 。

在"草图设置"对话框中设置栅格捕捉

"草图设置"对话框如图 2-2-1 所示。

1）启用捕捉：打开或关闭捕捉模式。也可以通过单击状态栏上的"捕捉"图标、按 F9 键或使用 SNAPMODE 系统变量，来打开或关闭捕捉模式。

2）捕捉间距：控制捕捉位置的不可见矩形栅格，以限制光标仅在指定的 X 和 Y 间隔点上移动。

捕捉 X 轴间距：指定 X 方向的捕捉间距。间距值必须为正实数。

捕捉 Y 轴间距：指定 Y 方向的捕捉间距。间距值必须为正实数。

X 轴间距和 Y 轴间距相等：为捕捉间距和栅格间距强制使用相等的 X 和 Y 间距值。捕捉间距可以与栅格间距不同。

3）极轴间距：控制 PolarSnap™（PolarSnap）增量距离。

极轴距离：选定捕捉类型下的"PolarSnap"时，设置捕捉增量距离。如果该值为 0，则 PolarSnap 距离采用"捕捉 X 轴间距"的值。"极轴间距"设置与极坐标追踪和/或对象捕捉追踪结合使用。如果两个追踪功能都未启用，则"极轴距离"设置无效。

4）捕捉类型：设定捕捉样式和捕捉类型。

※ 栅格捕捉：设定栅格捕捉类型。如果指定，光标将沿垂直或水平栅格点进行捕捉。

◇ 矩形捕捉：将捕捉样式设定为标准矩形捕捉模式。当捕捉类型设定为矩形捕捉并且打开捕捉模式时，光标将捕捉矩形栅格上的点。

◇ 等轴测捕捉：将捕捉样式设定为等轴测捕捉模式。当捕捉类型设定为等轴测捕捉并且打开捕捉模式时，光标将捕捉等轴测栅格上的点。

※ PolarSnap：将捕捉捕捉类型设定为 PolarSnap。如果启用了 PolarSnap 模式并在极轴追踪打开的情况下，光标将沿着在"极轴追踪"选项卡上相对于极轴追踪起点所设置的极轴对齐角度进行捕捉。

2.2.3 对象捕捉

对象捕捉与栅格捕捉的异同

对象捕捉是把光标锁定在已有图形的特殊点上，而栅格捕捉是将光标锁定在可见或不可见的栅格点上，这两种命令都不是独立的命令，它们是在执行其他命令过程中被结合使用的一种透明命令。

打开对象捕捉的方法

1）在状态栏中单击图标□； 2）按快捷键 F3； 3）按 Ctrl + F 组合键； 4）在"草图设置"对话框中勾选对象捕捉。	启用对象捕捉后，将光标放在一个对象上，系统自动捕捉到对象上所有符合条件的几何特征点，并显示出相应的标记。如果光标放在捕捉点达 3s 以上，则系统将显示捕捉点的文字提示信息。

对象捕捉模式的选择	
方法一	**方法二**
在状态栏中右击图标☐后，单击"设置"，然后在弹出的"草图设置"对话框中勾选某种对象捕捉模式。	在状态栏中右击图标☐后，选择某种对象捕捉模式。

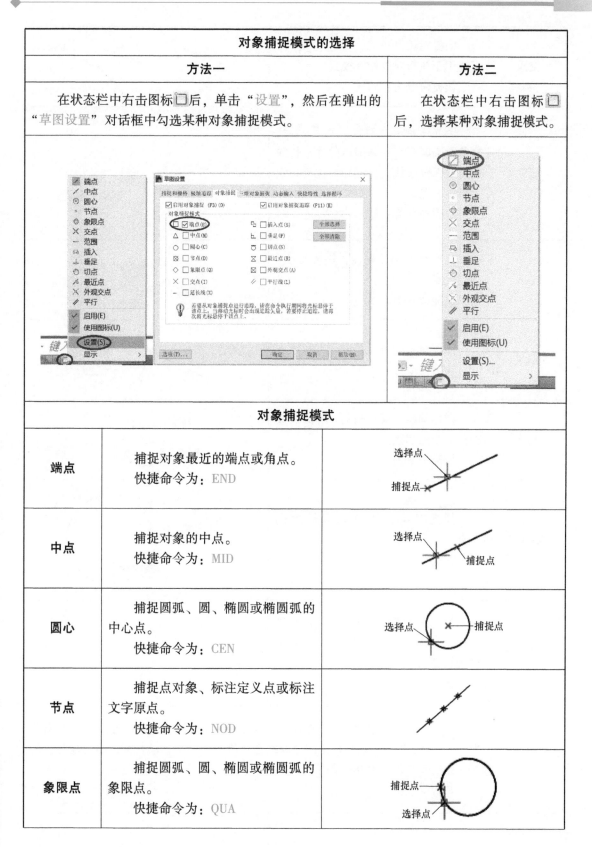

对象捕捉模式		
端点	捕捉对象最近的端点或角点。 快捷命令为：END	
中点	捕捉对象的中点。 快捷命令为：MID	
圆心	捕捉圆弧、圆、椭圆或椭圆弧的中心点。 快捷命令为：CEN	
节点	捕捉点对象、标注定义点或标注文字原点。 快捷命令为：NOD	
象限点	捕捉圆弧、圆、椭圆或椭圆弧的象限点。 快捷命令为：QUA	

交点	捕捉对象的交点。"延伸交点"不能用于执行对象捕捉模式。 快捷命令为：INT	
延伸	当光标悬停在对象端点几秒后，对象会临时产生一条绿色的虚延长线或虚圆弧延长线，以便用户在延长线上指定一点。 快捷命令为：EXT	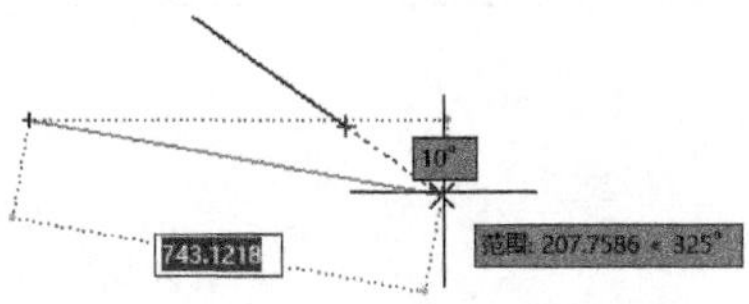
插入	捕捉对象（如属性、块或文字）的插入点。 快捷命令为：INS	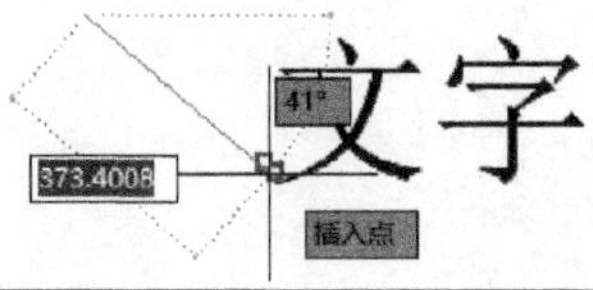
垂足	捕捉对象的垂足。 快捷命令为：PER	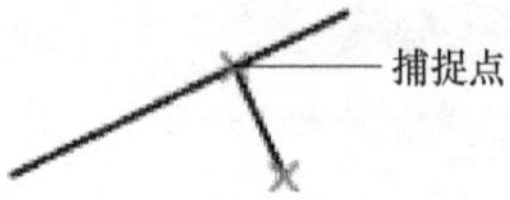
切点	捕捉圆弧、圆、椭圆、椭圆弧或样条曲线的切点。 快捷命令为：TAN	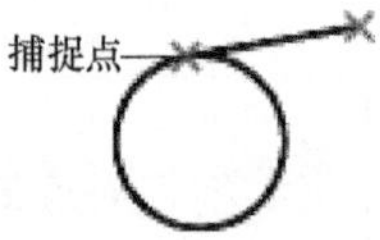
最近点	捕捉对象上距离光标最近的一点。 快捷命令为：NEA	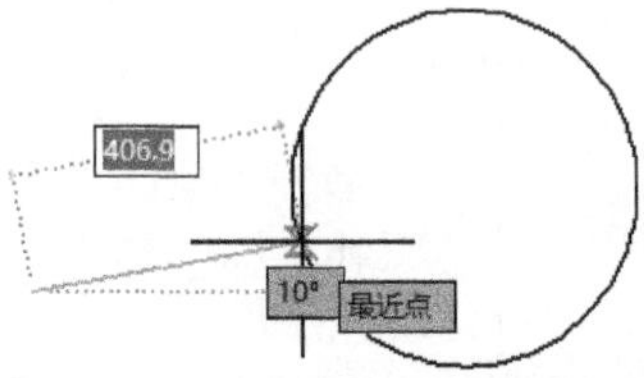
外观交点	捕捉在三维空间中不相交但在当前视图中看起来可能相交的两个对象的视觉交点。 快捷命令为：APP	
平行	画直线的第二点前，将光标悬停在要平行的线性对象上几秒，直到出现"平行"提示符后，在平行于刚才的线性对象的方向上移动光标，当出现绿色的提示线时单击即可画出一条平行线。 快捷命令为：PAR	

平行		

对象捕捉操作示例

示例13：以绘制内接圆半径为50mm的正五边形为例，介绍捕捉功能的操作方法。

1）执行"默认→绘图→圆"命令。在绘图区指定好圆心点，根据命令行中的提示信息，输入圆半径值50，按 Enter 键，完成圆形的绘制。

命令行提示如下：

命令：CIRCLE

指定圆的圆心或 [三点（3P）/两点（2P）/切点、切点、半径（T）]： （用鼠标指定圆心点）

指定圆的半径或 [直径（D）] <50.0000>：50 （输入圆半径值，按下 Enter 键）

2）右击"对象捕捉"按钮，在快捷菜单中选择"设置"选项，打开"草图设置"对话框，勾选"圆心"和"象限点"复选框，单击"确定"按钮关闭对话框。

3）执行"默认→绘图→矩形"命令。在展开的列表中选择"正多边形"选项，根据命令行提示，输入多边形边的数值5。然后在绘图区中捕捉圆心点，如图2-2-2a所示。

4）在光标右侧的输入选项列表中，选择"外切于圆"选项，如图2-2-2b所示。

5）将光标向下移动，并捕捉圆形的象限点，即可完成正五边形的绘制，如图2-2-2c所示。

命令行提示如下：

命令：POLYGON

输入侧面数 <4>：5 （输入多边形边数，按 Enter 键）

指定正多边形的中心点或 [边（E）]： （捕捉圆心中心点）

输入选项 [内接于圆（I）/外切于圆（C）] <C>：C （选择"外切于圆（C）"）

指定圆的半径： （捕捉圆形象限点）

效果如图2-2-2d所示。

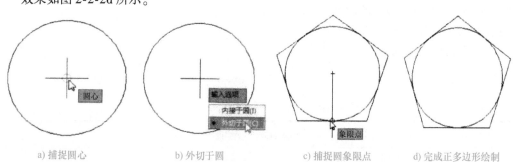

a) 捕捉圆心　　　　b) 外切于圆　　　　c) 捕捉圆象限点　　　　d) 完成正多边形绘制

图 2-2-2 绘制外切于圆的正五边形

运行和覆盖捕捉模式	
对象捕捉模式可分为两种，分别为运行捕捉模式和覆盖捕捉模式。下面将分别对其功能进行简单介绍。	
运行捕捉模式	**覆盖捕捉模式**
在状态栏中，右击"对象捕捉"图标，在打开的快捷菜单中选择"设置"选项，在弹出的对话框中勾选某个对象捕捉模式，之后该对象捕捉模式将始终处于运行状态，直到取消勾选为止。	在命令行中输入 MID、CEN、QUA 等快捷命令，也可以执行相关捕捉功能，但这样只是临时打开捕捉模式。这种模式只对当前捕捉点有效，完成该捕捉功能后则无效。

2.2.4 极轴追踪

极轴追踪
极轴追踪就是追踪线段的特定方向角，例如：当画了直线的起始点，并移动鼠标使得直线方向角达到所设定的追踪角度（或其整数倍）时，起始点处会出现一条绿线以提示被追踪的角度。

打开极轴追踪	
1）在状态栏中单击图标。 2）按快捷键 F10。 3）在状态栏中右击图标，选择"设置"，然后在弹出的"草图设置"对话框中勾选"启用极轴追踪"，如图 2-2-3 所示。	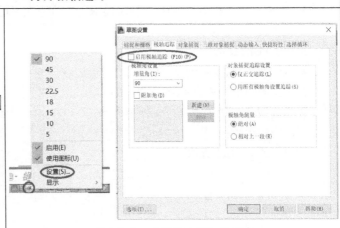 图 2-2-3 "极轴追踪"选项卡
"极轴追踪"选项卡	
在"草图设置"对话框中可打开"极轴追踪"选项卡。	

"极轴追踪"选项卡如图 2-2-3 所示：

※"极轴角设置"选项区：用于设置极轴追踪的角度。默认的极轴追踪角度是 90°，用户可以在"增量角"下拉列表中选择其他追踪角度值。若该下拉列表中的角度不能满足用户的要求，可以勾选"附加角"→单击"新建"按钮，在附加角的列表框中输入自定义角度值。

※"对象捕捉追踪设置"选项区：勾选"启用对象捕捉追踪"后，若同时勾选了"仅正交追踪"，则适度移动光标可显示一条穿过捕捉点的正交追踪线（水平或垂直绿色虚线）；若同时勾选了"用所有极轴角设置追踪"，则当光标移动到捕捉点并再沿被追踪角度方向滑动时，将出现一条穿过捕捉点且方向角为被追踪角度的追踪线。

※"极轴角测量"选项区：用于计算极轴角度的起始点。若选择"绝对"，表示以 X 轴正方向为起始点开始计算极轴追踪角；若选择"相对上一段"，可以基于最后绘制的线段为起始位置来确定极轴追踪角度。

追踪练习

示例 14：通过对象捕捉、栅格捕捉、极轴坐标输入等方法来绘制等边三角形。

1）在命令行中输入"SE"命令，弹出"草图设置"对话框，切换到"捕捉和栅格"及"对象捕捉"选项卡，按照图 2-2-4 所示进行设置。

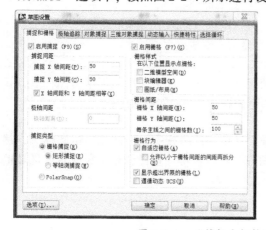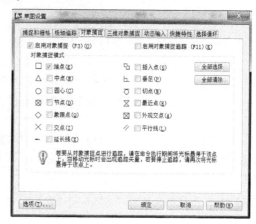

图 2-2-4 "捕捉和栅格"与"对象捕捉"选项卡

2）在命令行中依次输入"Z"和"A"，显示当前栅格视图（"Z"代表"缩放"，"A"代表"全部"），这时将在当前视口中显示整个有效的绘图区域。

3）按 F8 键和 F12 键，启用正交模式和动态输入模式，使状态栏中的按钮和呈高亮显示。

4）单击"绘图"功能面板中的"直线"按钮，使用鼠标在视图中捕捉坐标原点（0，0）并单击确定起点，然后水平向右移至第 4 格位置并单击，从而绘制一条长度为 200mm 水平线段。

5）按 F8 键关闭正交模式，并自动启用极轴角度输入模式，拖动鼠标，输入 200，按 Tab 键，再输入 120，并按 Enter 键确定，从而绘制第二条边。

6）同样，输入 200，按 Tab 键，再输入 -120，并按 Enter 键确定，从而绘制第三条边，然后再按 Enter 键结束直线命令。

2.2.5 尺寸测量

打开尺寸测量工具	
单击"默认"选项卡→"实用工具"功能面板→"定距等分"下的 ▼ →选择图标"▭""◎""△""▲"和"▥",可以测量选定对象或点序列的距离、半径、角度、面积和体积。	
测量操作	
测量距离	先打开对象的端点捕捉功能,接着按上面所述单击图标▭,拾取对象的某两个端点后,即可显示两点之间的距离。
测量半径	如上所述单击图标◎,拾取圆、圆弧或多段线圆弧时,即可显示该圆或圆弧的半径或直径。
测量角度	如上所述先单击图标△,接着进行如下操作: 1)拾取圆弧,可显示该圆弧的圆心角。 2)拾取圆上两点,可显示两点之间圆弧的圆心角。 3)拾取两条直线,可显示两直线夹角。
测量面积	先打开对象的端点捕捉功能,然后按上面所述先单击图标▲,接着拾取图形的各个角点,可计算出图形的面积和周长。
测量体积	先打开对象的端点捕捉功能,然后按上面所述先单击图标▥,接着拾取对象或定义区域的各个角点,可计算出测量对象或定义区域的体积。

子学习情境2.3 基本图形元件的绘制（二）

情境导入

工作任务单

情　　境	学习情境2　基本图形的绘制				
任务概况	任务名称	基本图形元件的绘制（二）	日期	班级	学习小组	负责人
	组员				

任务载体和资讯	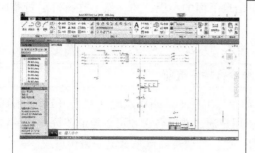	**载体**：AutoCAD Electrical 软件。 **资讯**： 1. 构造线与射线的绘制。 2. 圆弧的绘制。（重点） 3. 多段线的绘制。（重点） 4. 椭圆及椭圆弧的绘制。 5. 圆环的绘制。 6. 样条曲线的绘制。 7. 多线的绘制。
任务目标	1. 掌握构造线、射线及多段线的绘制方法。 2. 掌握圆弧及椭圆的画法。 3. 掌握样条曲线及多线的绘制。	
任务要求	**前期准备**：小组分工合作，通过网络收集 ACE 软件有关圆弧、多段线、样条曲线以及多线的绘制资料。 **上机实验要求**： 1. 实验前必须按教师要求进行预习，并写出实验预习报告，无预习报告者不得进行实验；按照教师布置的实验要求、任务进行实验操作，实验过程中发现问题应举手请教师或实验管理人员解答。 2. 按要求及时整理实验数据，撰写实验报告，完成后统一交给教师批改。 **任务成果**：一份完整的实验报告。 **实验报告要求**：实验报告是实验工作的全面总结，要用简明的形式将实验结果完整和真实地表达出来。因此，实验报告质量的好坏将体现学生的理解能力、动手能力。 1. 要符合"实验报告"的基本格式要求。 2. 要注明：实验日期、班级、学号。 3. 要写明：实验目的、实验原理、实验内容及步骤。 4. 要求：对实验结果进行分析、总结，书写实验的收获体会、意见和建议 5. 要求：文理通顺、简明扼要、字迹端正、图表清晰、结论正确、分析合理、讨论力求深入。	

2.3.1 构造线与射线

1. 构造线

构造线在建筑绘图中常作为图形绘制过程中的中轴线，如基准坐标轴。

55

构造线的绘制方法
※ 面板：在"绘图"功能面板中单击最下面的小黑三角，然后在打开的折叠区单击"构造线"图标✐。 ※ 命令行：在命令行中输入或动态输入"XLINE"命令或"XL"命令，并按 Enter 键。
命令行提示选项
执行"XLINE"命令后，系统将在命令行中提示"指定点或［水平（H）/垂直（V）/角度（A）/二等分（B）/偏移（O）］:"，用户通过选择各选项可以绘制不同类型的构造线。 ※ 指定点：用于指定构造线通过的一点，可通过两点来确定一条构造线。 ※ 水平（H）：用于绘制一条通过选定点的水平参照线。 ※ 垂直（V）：用于绘制一条通过选定点的垂直参照线。 ※ 角度（A）：用于创建一条"被指定角度"的参照线，选择该选项后，系统将提示"输入构造线线的角度（O）或［参照（R）］:"，这时可以直接指定一个角度（构造线与 X 轴的夹角），也可以输入"R"选择参照线后再输入角度（构造线与参照线的夹角）。 ※ 二等分（B）：用于绘制角的平分线，选择该选项后，根据系统提示，依次指定角的顶点、角的起点、角的终点，即可绘制出该角的角平分线。 ※ 偏移（O）：用于创建平行于另一个对象的参照线，选择该选项后，根据系统提示，依次指定偏移距离、拾取要平行的对象、选择偏移到对象的那一侧，即可绘制出参照线的平行线。

2. 射线

射线是绘图空间中起始于指定点并且无限延伸的直线。

射线的绘制方法
射线的绘制方法有两种： ※ 面板：在"绘图"功能面板中单击最下面的小黑三角，然后在打开的折叠区单击"射线"图标✐。 ※ 命令行：在命令行中输入或动态输入"RAY"命令并按 Enter 键。
射线的绘制示例
示例15：绘制多条射线。 执行"射线"命令后，提示"指定起点:"，鼠标在图形区域任意指定一点 A，提示"指定通过点:"，在图形区域任意指定方向 B，确定一条射线，继续提示"指定通过点:"，鼠标继续单击 C、D、E、F，则以前面指定的点 A 为起点，完成多条射线的绘制。 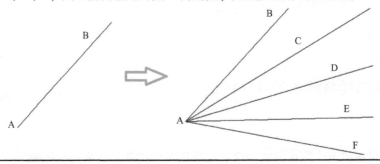

2.3.2　圆弧

绘制圆弧
绘制圆弧的方法很多，可以通过起点、方向、中点、角度、终点、弦长等参数进行绘制。

绘制圆弧的方法
※ 面板：在"默认"选项卡下的"绘图"功能面板中单击"圆弧"图标。 ※ 命令行：在命令行中输入或动态输入"ARC"命令（快捷命令为"A"）并按 Enter 键。

绘制圆弧的其他方法
单击下的，在弹出下拉列表中可选择其他圆弧的绘制方法。 ※ 三点（P）：指定圆弧的起点、第二点和端点绘制一段圆弧。 ※ 起点、圆心、端点（S）：指定起点、圆心和端点来绘制圆弧。 ※ 起点、圆心、角度（T）：指定起点、圆心和圆心角来绘制圆弧。 **注意**：这里的圆心角是从起点出发沿逆时针方向旋转的偏转角度。 ※ 起点、圆心、长度（A）：指定起点、圆心和弦长绘制圆弧。 ※ 起点、端点、角度（N）：指定起点、端点和圆心角绘制圆弧。 **注意**：这里的角度指的是从起点到端点沿逆时针方向的偏转角度，反之角度值为负值。 ※ 起点、端点、方向（D）：指定起点、端点和起点切线的方向角来绘制圆弧。 ※ 起点、端点、半径（R）：指定起点、端点和半径来绘制圆弧。 ※ 圆心、起点、端点（C）：指定圆心、起点和端点来来绘制圆弧。 ※ 圆心、起点、角度（E）：指定圆心、起点和圆心角来绘制圆弧。 ※ 圆心、起点、长度（L）：指定圆心、起点以及圆弧所对应的弦长来绘制圆弧。 ※ 继续（Q）：选择此命令时，系统将以上一次绘制的线段或圆弧终点作为新圆弧的起点，以新指定的点作为终点画圆弧，且上一次绘制的线段或圆弧与新圆弧相切。

绘制圆弧的示例
示例16：通过圆弧上三个点绘制圆弧，按命令行的提示操作。 命令：ARC 圆弧创建方向：逆时针　　　（按住 Ctrl 键可切换方向） 指定圆弧的起点或［圆心（C）］：mid 于　　　（捕捉如图 2-3-1a 所示六边形一条边的中点） 指定圆弧的第二个点或［圆心（C）/端点（E）］：mid 于　　　（捕捉如图 2-3-1b 所示六边形第二条边的中点） 指定圆弧的端点：mid 于　　　（捕捉如图 2-3-1c 所示六边形第三条边的中点）

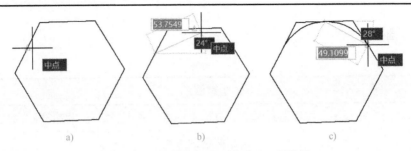

图 2-3-1　绘制内切于六边形的一段圆弧

示例17：根据圆弧的起点、圆心和端点绘制圆弧，按命令行的提示操作。

命令：ARC

圆弧创建方向：逆时针　　　　（按住 Ctrl 键可切换方向）

指定圆弧的起点或 [圆心（C）]：C

指定圆弧的圆心：end

于　　　　（捕捉如图 2-3-2a 所示四边形一个角点）

指定圆弧的起点：end

于　　　　（捕捉如图 2-3-2b 所示四边形另一个角点）

指定圆弧的端点或 [角度（A）/弦长（L）]：end

于　　　　（捕捉如图 2-3-2c 所示四边形下方角点）

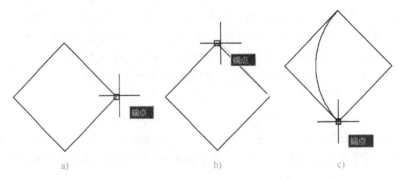

图 2-3-2　绘制内切于四边形的一段圆弧

示例18：绘制太极图。

1）在"绘图"功能面板的"圆弧"下拉列表中，单击"起点、端点、半径"图标，在绘图区域内确定中心点，输入半径值为100，绘制圆。

2）在"绘图"功能面板的"圆弧"下拉列表中，单击"起点、端点、角度"图标，命令提示"指定圆弧的起点或 [圆心（C）]："，捕捉圆上侧象限点为起点，再捕捉圆心为端点，最后指定圆弧的圆心角为180°，绘制圆弧。

3）再次单击"圆弧"下拉列表中的"起点、端点、角度"图标，捕捉大圆下侧象限点为第一点，再捕捉圆心为第二点，最后指定圆弧的圆心角为180°，绘制圆弧。

4）在"绘图"功能面板的"圆"下拉菜单中，单击"圆心，半径"图标，分别捕捉两个圆弧的圆心，绘制半径为10mm的两个圆。

5）单击"绘图"功能面板中的"图案填充"图标，在新增的"图案填充创建"功能面板中选择样例为"SOLID"，然后再单击"拾取点"图标。

6）单击以圆弧为界限的大圆的左半部分，然后再单击上侧小圆的内部，按空格键确定，完成填充。

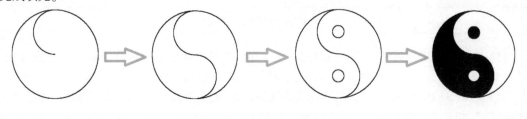

2.3.3　多段线

多段线
多段线是一种由线段和圆弧组成的可以有不同线宽的多个线段。
多段线的绘制方法
※ 面板：在"绘图"功能面板中单击"多段线"图标。 ※ 命令行：在命令行中输入或动态输入"PLINE"命令（快捷命令为"PL"）并按 Enter 键。
在绘制直线状态下的命令行提示选项
※ 圆弧（A）：从绘制直线方式切换到绘制圆弧方式。 ※ 半宽（H）：指定多段线一半的宽度，一般来讲，可以先指定起点半宽，再指定终点半宽，最后指定该段线段的长度，多段线的起点半宽和终点半宽可以不一致。 ※ 长度（L）：指定要绘制直线段的长度。 ※ 放弃（U）：删除多段线的前一段对象。 ※ 宽度（W）：设置多段线的起点或端点的宽度，类似于指定半宽。 ※ 闭合（C）：与起点闭合。
在绘制圆弧状态下的命令行提示选项
※ 角度（A）：指定要绘制圆弧的圆心角。 **注意**：这里的圆心角是从起点出发沿逆时针方向的偏转角度，且所绘制圆弧的实际圆心角为：360°-输入角度值。 ※ 圆心（CE）：指定要绘制圆弧的圆心。 ※ 方向（D）：指定要绘制圆弧起点处切线的方向。

※ 第二点（S）：指定要绘制圆弧上的第二点。

注意：这里的绘制圆弧方法实际为三点绘圆弧法，第一点为上一条线段的端点，第三点为下一条线段的起点。

※ 直线（A）：从绘制圆弧方式切换到绘制直线方式。

多段线的绘制示例1

1）在命令行中输入"PL"后按 Enter 键，在绘图区中指定多段线起点和下一端点位置，并在命令行中输入"A"，切换至圆弧状态，移动鼠标，指定圆弧另一端点，如图 2-3-3a 所示。

2）在命令行中输入"W"，并将起点宽度设为0，终点宽度设为50，绘制圆弧。然后再次输入"L"切换至直线状态，绘制直线段，如图 2-3-3b 所示。

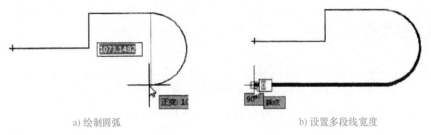

a）绘制圆弧   b）设置多段线宽度

图 2-3-3   多段线的绘制（1）

3）在命令行中输入"W"，将起点宽度设为50，终点宽度设为0，然后输入"C"闭合该图形，以完成该图形的绘制，如图 2-3-4 所示。

a）设置线段宽度   b）完成多段线操作

图 2-3-4   多段线的绘制（2）

多段线的绘制示例2：避雷器符号的绘制

1）单击"绘图"功能面板中的"多段线"命令图标，按命令行的提示绘制矩形的操作如下：

命令：PLINE

指定起点：   （单击确定一点）

当前线宽为：0

指定下一个点或 [圆弧（A）/半宽（H）/长度（L）/放弃（U）/宽度（W）]：@0，10

（以下按相对坐标输入线段端点）

指定下一个点或 [圆弧（A）/半宽（H）/长度（L）/放弃（U）/宽度（W）]：@5，0

指定下一个点或［圆弧（A）/半宽（H）/长度（L）/放弃（U）/宽度（W）］：@0，－10

指定下一个点或［圆弧（A）/半宽（H）/长度（L）/放弃（U）/宽度（W）］：@－5，0

效果如图2-3-5所示。

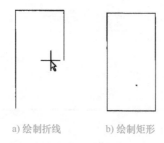

a) 绘制折线　　　　b) 绘制矩形

图2-3-5　避雷器符号的绘制（1）

2）单击"绘图"功能面板中的"多段线"命令图标，绘制垂直向上的直线（起点在矩形上边线段中点），长度为8，如图2-3-6a所示。效果如图2-3-6b所示。

3）单击"绘图"功能面板中的"多段线"命令图标，绘制垂直向下的直线（起点在矩形下边线段中点），长度为8。效果如图2-3-6c所示。

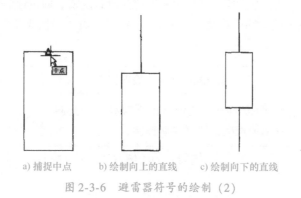

a) 捕捉中点　　　b) 绘制向上的直线　　　c) 绘制向下的直线

图2-3-6　避雷器符号的绘制（2）

4）单击"绘图"功能面板中的"多段线"命令图标，按命令行的提示绘制箭头。

命令：PLINE

指定起点：endp

于　　　（捕捉矩形下边向下线段的上端点）

当前线宽为：0.0000

指定下一个点或［圆弧（A）/半宽（H）/长度（L）/放弃（U）/宽度（W）］：@0，5

指定下一个点或［圆弧（A）/半宽（H）/长度（L）/放弃（U）/宽度（W）］：W

指定起点宽度＜00000＞：2

指定端点宽度＜2.0000＞：0

指定下一个点或［圆弧（A）/半宽（H）/长度（L）/放弃（U）/宽度（W）］：@0，3

避雷器符号的绘制如图2-3-7所示。

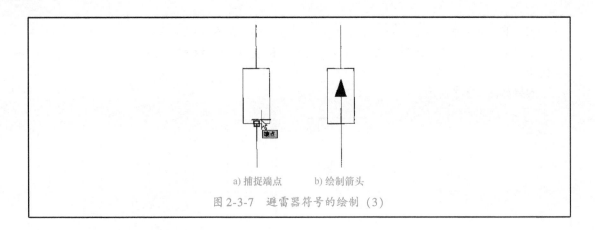

a) 捕捉端点   b) 绘制箭头

图 2-3-7　避雷器符号的绘制（3）

2.3.4　椭圆及椭圆弧

椭圆的绘制方法
※ 面板：单击"绘图"功能面板中的"椭圆"图标⊕，先指定椭圆的中心点，再指定椭圆一个对称轴上的一端点，最后指定椭圆另一对称半轴长度来，即可绘制椭圆。 　※ 命令行：在命令行中输入或动态输入"ELLIPSE"命令（快捷命令为"EL"）并按 Enter 键。
椭圆的其他绘制方法
单击"椭圆"图标⊕旁边的▼，在弹出的下拉列表中选择"轴、端点"，先指定一条轴的两个端点，再指定另一半轴长度，即可绘制椭圆。
椭圆弧的绘制方法
单击"椭圆"图标⊕旁边的▼，在弹出的下拉列表中选择"椭圆弧"，此时程序将按"轴、端点"方式先确定一个椭圆，然后从轴的第一点（按"轴、端点"方式绘制椭圆时所指定的第一个点）出发，按逆时针方向顺序输入椭圆弧起点及终点的偏转角度，即可绘制出椭圆弧。
椭圆的绘制示例
示例19：根据椭圆的中心点绘制椭圆，按命令行的提示操作。 命令：ELLIPSE 指定椭圆的轴端点或［圆弧（A）/中心点（C）］：C 指定椭圆的中心点：250，150 指定轴的端点：100 指定另一条半轴长度或［旋转（R）］：40 示例20：根据椭圆的一条对称轴绘制椭圆，按命令行的提示操作。

命令：ELLIPSE

指定椭圆的轴端点或 [圆弧 (A) /中心点 (C)]：150, 150

指定轴的另一个端点：0　　（注意：0是椭圆轴的倾角，在动态输入框中输入的椭圆轴长这里没有显示）

指定另一条半轴长度或 [旋转 (R)]：40

示例21：绘制椭圆弧，按命令行的提示操作。

命令：ELLIPSE

指定椭圆的轴端点或 [圆弧 (A) /中心点 (C)]：A

指定椭圆弧的轴端点或 [中心点 (C)]：150, 150　　（指定椭圆的第一点）

指定轴的另一个端点：0　　（注意：0是椭圆轴的倾角，在动态输入框中输入的椭圆轴长这里没有显示）

指定另一条半轴长度或 [旋转 (R)]：50

指定起点角度或 [参数 (P)]：180　　（从第一点出发到起点的顺时针方向偏转角度为180°）

指定端点角度或 [参数 (P) /包含角度 (I)]：270　　（从第一点出发到端点的顺时针方向偏转角度为270°）

2.3.5　圆环

AutoCAD 中提供了圆环的命令，圆环由两条圆弧多段线组成，这两条圆弧多段线首尾相接而形成圆形。

圆环的绘制方法
※ 命令行：输入或动态输入"DONUT"命令（快捷命令为"DO"）并按 Enter 键。 ※ 面板：在"常用"选项卡下的"绘图"功能面板中单击"圆环"图标◎。 启动圆环命令后，依次指定它的内圆直径、外圆直径和圆心坐标，即可完成圆环的绘制。
圆环的填充
在命令行输入"FILL"，然后选择输入模式"开（ON）"或"关（OFF）"，若选择了"开（ON）"，则以后绘制的圆环将自动填充颜色，反之不填充颜色。
圆环的绘制示例
命令行提示如下： 命令：DONUT 指定固环的内径 <25.8308>：50　　（指定圆环内径值） 指定圆环的外径 <50.0000>：20　　（指定圆环外径值） 指定圆环的中心点或 <退出>：　　（指定圆环圆心点位置） 指定圆环的中心点或 <退出>：　　（按"Esc"取消）

2.3.6　样条曲线

样条曲线
在 AutoCAD 中使用的样条曲线为非均匀样条曲线（NURBS），使用 NURBS 能在拟合点或控制点之间产生一条光滑的曲线。样条曲线可用于绘制形状不规则的图形，如绘制地图或汽车曲面轮廓线等。
拟合点样条曲线和控制点样条曲线的异同
拟合点样条曲线可直接穿过拟合点，形成一条光滑的曲线。控制点样条曲线不穿过控制点，而是一条包络于各控制点间的光滑曲线。 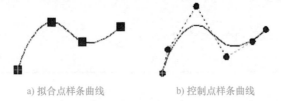 　　　　a) 拟合点样条曲线　　　　　　b) 控制点样条曲线
样条曲线的绘制方法
※ 面板：在"绘图"功能面板中单击"样条曲线拟合点"图标，绘制拟合点样条曲线；单击"样条曲线控制点"图标，绘制控制点样条曲线。 　　※ 命令行：在命令行中输入或动态输入"SPLINE"命令（快捷命令为"SPL"）按 Enter 键。 　　执行上述命令后，指定样条曲线的起点，接着指定样条曲线的下一个点，以此类推根据需要继续指定点，最后按 Enter 键结束，或者输入 C（闭合）使样条曲线闭合。
命令行提示选项
※ 方式（M）：该选项可以选择样条曲线为拟合点样条曲线或控制点样条曲线。 　　※ 节点（K）：选择该选项后，其命令行提示为"输入节点参数化 ［弦（C）/二次方根（S）/统一（U）］:"，从而根据相关方式来调整样条曲线的节点。 　　※ 对象（O）：将由一条多段线拟合生成样条曲线（只有样条曲线拟合的多段线可以转换为样条曲线）。 　　※ 阶数（D）：指定拟合曲线对应多项式的阶数，默认为 3 阶。 　　※ 起点切向（T）：指定样条曲线起始点处的切线方向。 　　※ 公差（L）：此选择用于设置样条曲线的拟合公差。这里的拟合公差指的是实际样条曲线与输入的控制点之间所允许偏移距离的最大值。公差越小，样条曲线与拟合点越接近。当给定拟合公差时，绘出的样条曲线不会全部通过各个控制点，但一定通过起点和终点。

注意：	当绘制的样条曲线不符合要求或者指定的点不到位时，用户可选择该样条曲，并使用鼠标拖动样条曲线的夹点，使得样条曲线的形状及位置满足要求。

样条曲线的绘制示例

示例22：绘制正线曲线，按命令行的提示操作。

命令：SPLINE

当前设置：方式＝拟合　　节点＝弦

指定第一个点或［方式（M）/节点（K）/对象（O）］：M

输入样条曲线创建方式［拟合（F）/控制点（CV）］＜拟合＞：FIT　　*(选择了拟合方式)*

当前设置：方式＝拟合　　　　节点＝弦

指定第一个点或［方式（M）/节点（K）/对象（O）］：　0，0

输入下一个点或［起点切向（T）/公差（L）］：　　104.6，86.6

输入下一个点或［端点相切（T）/公差（L）/放弃（U）］：　　157，100

输入下一个点或［端点相切（T）/公差（L）/放弃（U）/闭合（C）］：　　209.3，86.6

输入下一个点或［端点相切（T）/公差（L）/放弃（U）/闭合（C）］：　　314，0

输入下一个点或［端点相切（T）/公差（L）/放弃（U）/闭合（C）］：　　471，-100

输入下一个点或［端点相切（T）/公差（L）/放弃（U）/闭合（C）］：　　628，0

输入下一个点或［端点相切（T）/公差（L）/放弃（U）/闭合（C）］：　　*(回车)*

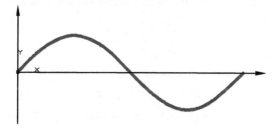

2.3.7　多线

多线
多线是一种组合图形，由许多条平行线组合而成，各条平行线之间的距离和数目可以随意调整。多线的用途很广，而且能够极大地提高绘图效率。多线一般用于电子线路图、建筑墙体的绘制等。

多线的绘制方法
在命令行中输入或动态输入"MLINE"（快捷命令为"ML"）并按 Enter 键，可绘制多线。

命令行提示选项
※ 对正（J）：用于指定绘制多线时的对正方式，共有3种对正方式："上（T）"是以多线中最上端的线为参照进行对齐的；"无（Z）"是以多线的中心线为参照进行对齐的；"下（B）"是以多线中最下端的线为参照进行对齐的。 ※ 比例（S）：此选项用于设置平行的多线间的距离。可输入0、正值或负值，输入0时各平行线重合，输入负值时平行线的排列将倒置。 ※ 样式（ST）：此选项用于设置多线的绘制样式。默认的样式为标准型（Standard），用户可根据提示输入所需多线样式名。

新建或修改多线样式
1）单击"格式"菜单中的"多线样式"选项。注意：菜单栏的打开方法前面已经叙述。

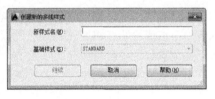

2）在"多线样式"对话框中，单击"新建"按钮。

3）在"创建新的多线样式"对话框中，输入多线样式的名称并选择要绘制的多线样式。单击"继续"按钮。

4）在"新建多线样式"对话框中，可设置多线样式的参数。注意："说明"窗口中的数据可填可不填，"说明"窗口中最多可以输入255个字符，包括空格。

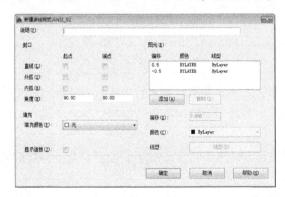

5）默认多线的起点和终点是有开口的，在"新建多线样式"对话框中，当勾选"直线"时，多线起点和终点的开口处将以直线封闭；当勾选"外弧"时，多线起点和终点的开口处将以圆弧封闭。

6）在"新建多线样式"对话框中的角度指的是多线起点和终点的开口连线的角度，偏移指的是多线中各条线段间的距离偏移量。

7）在"新建多线样式"对话框中，单击"添加"或"删除"按钮可增加或减少多线中的线条数量。

8）若在"多线样式"对话框中，单击"修改"按钮，将弹出"修改多线样式"对话框，该对话框与"新建多线样式"对话框完全一样。

9）在"多线样式"对话框中，单击"保存"按钮可将多线样式保存到一个文件中（默认文件为"acad.mln"），也可以将多个多线样式保存到同一个文件中。

多线的绘制示例

1）在命令行中，输入"ML"后按下 Enter 键。根据命令行提示，将多线比例设为 240，将对正方式设为"无"。

2）在绘图区中，指定好多线的起点，将光标向左移动，并在命令行中输入多线距离值为 2000，按 Enter 键，如图 2-3-8a 所示。

3）将光标向上移动，并输入距离值为 3500，按 Enter 键，如图 2-3-8b 所示。

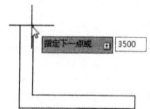

a) 指定多线起点绘制多线　　　　　　　b) 绘制另一条多线

图 2-3-8　多线的绘制（1）

4）将光标向右移动，并输入数值 3000，按 Enter 键，如图 2-3-9a 所示。

5）将光标向下移动，并输入数值 3500，按 Enter 键。然后按照同样的操作，将光标向左移动，并输入 300，按 Enter 键完成操作，如图 2-3-9b 所示。

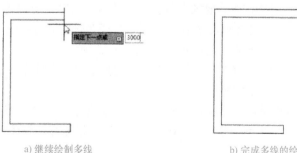

a) 继续绘制多线　　　　　　　　　b) 完成多线的绘制

图 2-3-9　多线的绘制（2）

子学习情境 2.4　利用复制方式快速绘图

情境导入

工作任务单

情　　境	学习情境2　基本图形的绘制					
任务概况	**任务名称**	利用复制方式快速绘图	日期	班级	学习小组	负责人
	组员					
任务载体和资讯	![图]		**载体**：AutoCAD Electrical 软件。 **资讯**： 1. 复制图形。（重点） 2. 镜像图形。（重点） 3. 阵列图形。 ①矩形阵列。②环形阵列。③路径阵列。 4. 偏移图形。			
任务目标	1. 掌握复制和镜像图形。 2. 掌握阵列图形。 3. 掌握偏移图形。					
任务要求	**前期准备**：小组分工合作，通过网络收集 ACE 软件有关利用复制方式快速绘图的资料。 　　**上机实验要求**： 　　1. 实验前必须按教师要求进行预习，并写出实验预习报告，无预习报告者不得进行实验；按照教师布置的实验要求、任务进行实验操作，实验过程中发现问题应举手请教师或实验管理人员解答。 　　2. 按要求及时整理实验数据，撰写实验报告，完成后统一交给教师批改。 　　**任务成果**：一份完整的实验报告。 　　**实验报告要求**：实验报告是实验工作的全面总结，要用简明的形式将实验结果完整和真实地表达出来。因此，实验报告质量的好坏将体现学生的理解能力、动手能力。 　　1. 要符合"实验报告"的基本格式要求。					

任务要求	2. 要注明：实验日期、班级、学号。 3. 要写明：实验目的、实验原理、实验内容及步骤。 4. 要求：对实验结果进行分析、总结，书写实验的收获体会、意见和建议 5. 要求：文理通顺、简明扼要、字迹端正、图表清晰、结论正确、分析合理、讨论力求深入。

 知识链接

2.4.1 复制图形

复制图形的方法
复制命令可以将选中的对象复制到任意指定的位置，可以进行单个复制，也可以进行多重连续复制。 ※ 面板：在"修改"功能面板中单击"复制"图标。 ※ 命令行：在命令行中输入或动态输入"COPY"命令（快捷命令为"CO"）并按 Enter 键。 ※ 快捷菜单：选择要复制的对象，在图形对象附近右击，在弹出的快捷菜单中选择"复制"。
复制图形的命令行选项
执行上述命令后，再拾取要复制的对象并按 Enter 键，可选择如下的命令行选项： ※ 指定基点：指定一个坐标点后，AutoCAD 2014 把该点作为复制对象的基点，并提示"指定第二个点或 <使用第一个点作为位移>："，这时一、二点之间的坐标增量即为新复制的对象相对于原对象的坐标增量，且基点为第二点坐标的参考原点。 ※ 位移：选择该选项后，AutoCAD 2014 把坐标原点作为复制对象的基点，进而可直接输入位移值（或指定移位点），这时坐标原点与移位点之间的坐标增量即为新复制的对象相对于原对象的坐标增量。 ※ 模式：选择该选项后，AutoCAD 2014 将提示"复制模式选项 [单个（S）/多个（M）]："，若选择"单个（S）"选项，则只能进行一次复制命令；若选择"多个（M）"选项，则能执行多次复制命令。

复制图形的示例	
示例 23：把图 2-4-1 所示避雷器图形向右复制一份。单击"复制"命令按钮，按照命令行的提示操作。 命令：COPY 选择对象：指定对角点：找到 4 个 选择对象： 当前设置：　复制模式 = 多个 指定基点或［位移（D）/模式（O）］ < 位移 >：END 　于 指定第二个点或［阵列（A）］ < 使用第一个点作为位移 >：@ 20 < 0 指定第二个点或［阵列（A）/退出（E）/放弃（U）］ < 退出 >：*取消*	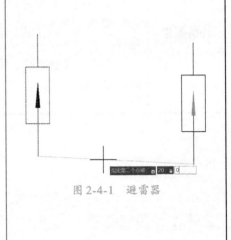 图 2-4-1　避雷器

2.4.2　镜像图形

镜像图形
在绘图过程中，经常会遇到一些对称图形，AutoCAD 2014 提供了图形镜像功能，只需绘出对称图形的一部分，然后利用"MIRROR"命令复制出对称的另一部分图形即可。

镜像图形的方法
※ 面板：在"修改"功能面板中单击"镜像"图标 ◄║►。 　　※ 命令行：在命令行中输入或动态输入"MIRROR"命令（快捷命令为"MI"）并按 Enter 键。

镜像图形的操作步骤
1）单击"常用"选项卡下"修改"功能面板中的"镜像"图标。 　　2）拾取要镜像的对象。 　　3）指定镜像对称轴线的第一点。 　　4）指定镜像对称轴线的第二点。 　　5）按 Enter 键保留原始对象，或者输入 Y 将原始对象删除。

镜像图形的示例	
示例24：把图2-4-2所示三角形向右复制一份。 命令：MIRROR 选择对象：指定对角点：找到 3 个 选择对象： 指定镜像线的第一点：END 于　　（捕捉对称轴的第一点） 指定镜像线的第二点：END 于　　（捕捉对称轴的第二点） 要删除源对象吗？［是（Y）/否（N）］<N>： （按回车键）	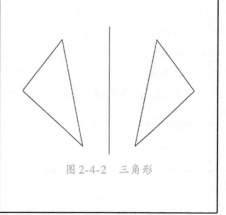 图 2-4-2　三角形

2.4.3　阵列图形

阵列是按指定方式排列的多个对象副本，系统提供"矩形阵列""环形阵列"和"路径阵列"3 种阵列选项。

1. 矩形阵列

矩形阵列的方法	
※ 面板：在"修改"功能面板中单击"阵列"图标▦旁边的▼，在弹出的下拉列表中选择"矩形阵列"图标▦。 ※ 命令行：在命令行中输入或动态输入"ARRAYRECT"命令并按 Enter 键。	

使用矩形阵列命令的步骤	
1）单击"常用"选项卡下"修改"功能面板中的"矩形阵列"图标。 2）拾取要排列的对象并按 Enter 键。 3）程序将自动显示默认的矩形阵列。 4）如图2-4-3所示，在阵列预览中，拖动右上、左上或右下角的夹点以增加或减少行数或列数，还可以在阵列上下文功能区中修改数值。	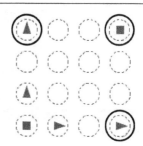 图 2-4-3　矩形阵列

关于"矩形阵列"面板的说明				
默认　项目　原理图　面板　报告　输入/输出数据　转换工具　插件　Autodesk 360　阵列创建　　▼				
▦ 矩形	▦ 列数：4 ▦ 介于：438.092 ▦ 总计：1314.2759	▦ 行数：3 ▦ 介于：438.092 ▦ 总计：876.184	▦ 级别：1 ▦ 介于：1 ▦ 总计：1	▦▦ 关联　基点　✕ 关闭阵列
类型	列	行 ▼	层级	特性　关闭

当执行阵列命令后，在功能区中会打开"矩形阵列"面板，在该面板中用户可对阵列后的图形进行编辑修改。上述面板中各选项说明如下：

※ 列：在该命令组中，用户可设置列数、列间距以及阵列的总宽度。

※ 行：在该命令组中，用户可设置行数、行间距以及阵列的总高度。

※ 层级：在该命令组中，用户可设置层数、层间距以及级层的总距离。

※ 基点：该选项可重新定义阵列的基点。

2. 环形阵列

环形阵列的方法

※ 面板：在"修改"功能面板中单击"阵列"图标⊞旁边的▼，在弹出的下拉列表中选择"环形阵列"图标⊞。

※ 命令行：在命令行中输入或动态输入"ARRAYPOLAR"命令并按 Enter 键。

使用环形阵列命令的步骤

1）单击"常用"选项卡下"修改"功能面板中的"环形阵列"图标。

2）拾取要排列的对象并按 Enter 键。

3）指定中心点。

4）输入要排列的对象的数量。

5）输入环形阵列各元素间的扇形夹角。

6）如图 2-4-4 所示，拖动箭头夹点 1 可调整对象间扇形区夹角。

7）拖动箭头夹点 2 可调整要排列的对象数量。

8）拉动圆环上的矩形夹点 3 可调整圆环的半径。

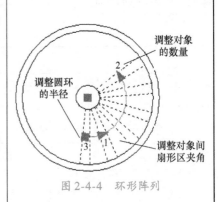

图 2-4-4　环形阵列

关于"环形阵列"面板的说明

默认	项目	原理图	面板	报告	输入/输出数据	转换工具	属性	Autodesk 360	阵列

类型	项目	行 ▼	层级	特性	选项	关闭
极轴	项目数 6 / 介于 60 / 填充 360	行数 1 / 介于 438.092 / 总计 438.092	级别 1 / 介于 1 / 总计 1	基点　旋转项目　方向	编辑来源　转换　替换项目　矩阵	关闭阵列

单击阵列图形，同样会打开"创建阵列"面板。在该面板中可对阵列后的图形进行编辑。上述面板中主要选项说明如下：

※ 项目：在该选项组中，可设置阵列项目数、阵列角度以及指定阵列中第一项到最后一项之间的角度。

※ 行：该选项组可设置行数、行间距以及行的总距离值。

※ 方向：环形整列的旋向。

※ 层级：该命令组可设置层数、层间距以及级层的总距离。

※ 基点：该选项可重新定义阵列的基点。

※ 编辑来源：该选项可编辑选定项的原对象或替换原对象。

※ 替换项目：该选项可引用原始源对象的所有项的原对象。

※ 重置矩阵：恢复已删除项并删除任何替代项。

3. 路径阵列

路径阵列的方法

※ 面板：在"修改"功能面板中单击"阵列"图标▦旁边的▼，在弹出的下拉列表中选择"路径阵列"图标。

※ 命令行：在命令行中输入或动态输入"ARRAYPATH"命令并按 Enter 键。

使用路径阵列命令的步骤

1）单击"常用"选项卡下"修改"功能面板中的"路径阵列"图标。

2）拾取要排列的对象并按 Enter 键。

3）拾取路径对象（例如直线、多段线、三维多段线、样条曲线、螺旋、圆弧、圆或椭圆均可作为阵列的路径）并按 Enter 键。

4）程序将自动弹出"阵列"选项卡。

5）单击"特性"功能面板上的定距等分

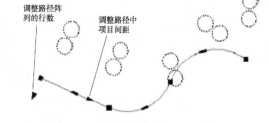

图标，可使对象按特定间隔分布，这时"项目"功能面板中的"项目数"不可调，但是"介于"可调。

6）单击"特性"功能面板上的"定数等分"图标，以使对象沿整个路径长度均匀地分布，这时"项目"功能面板中的"介于"不可调，但是"项目数"可调。

7）在"行"功能面板上可设定路径阵列的行数以及相邻路径阵列之间的间距。

8）单击可确定每个项目的方向是否为相应路径的法向方向。

9）在定距等分状态下，单击箭头夹点，可调整项目沿路径方向的间距及阵列行数。

10）在定数等分状态下，单击箭头夹点，可调整阵列行数及阵列行间距。

关于"路径阵列"面板的说明

在执行路径阵列指令后，系统也会打开"创建阵列"面板。该面板与其他阵列面板相似，也可以对阵列后的图形进行编辑。该面板中主要选项说明如下：

※ 项目：该选项组可设置项目数、项目间距和项目总间距。

※ 行：该选项组可设置行数、行间距以及行的总距离值。

※ 方向：环形阵列的旋向。

※ 层级：该命令组可设置层数、层间距以及级层的总距离。

※ 基点：该选项可重新定义阵列的基点。

※ 定数等分：重新布置项目，以路径切点平均定数等分。

※ 对齐项目：指定是否对其每个项目以与路径方向相切。

※ Z方向：该选项控制的是保持项的原始Z轴方向还是沿三维路径倾斜方向。

※ 编辑来源：该选项可编辑选定项的原对象或替换原对象。

※ 替换项目：该选项可引用原始源对象的所有项的原对象。

※ 重置矩阵：恢复已删除项并删除任何替代项。

2.4.4　偏移图形

偏移图形
偏移图形就是创建一个与原始对象形状一致且平行于原始对象的新对象。可以执行偏移的对象类型包括直线、圆弧、圆、椭圆和椭圆弧、二维多段线、构造线和射线、样条曲线。
偏移图形的方法
※ 面板：在"修改"功能面板中单击"偏移"图标⛃。 ※ 命令行：在命令行中输入或动态输入"OFFSET"（快捷命令为"O"）并按Enter键。
偏移图形的步骤
1）单击"常用"选项卡下"修改"功能面板中的"偏移"图标。 2）指定偏移距离，可以输入偏移值或指定偏移线要通过的点。 3）选择要偏移的对象。 4）指定某个点以指示在原始对象的内部还是外部（或左侧还是右侧）偏移对象。
命令行选项
※ 指定偏移距离：可直接输入复制对象相对于原对象的偏移距离，或用鼠标确定两点来确定偏移距离（这两点的间距就是偏移距离）。 　　※ 通过（T）：选择对象后，通过指定一个通过点来偏移对象，这样偏移复制出的对象经过通过点。 　　※ 删除（E）：用于确定是否在偏移后删除源对象。 　　※ 图层（L）：选择此项，命令行提示"输入偏移对象的图层选项［当前（C）/源（S）］<当前>："，确定把偏移对象放在当前图层还是原图层。

学习情境3

基本图形的编辑

知识目标：掌握图形对象的选择、编组、移动、旋转、对齐、缩放、拉伸和拉长的方法；掌握图形对象的修剪、延伸、打断、分解和合并的方法；掌握图案填充的创建与编辑方法；掌握图层的创建与编辑方法；掌握文字样式的设置和编辑方法；掌握尺寸标注的方法。

能力目标：培养学生利用网络资源进行资料收集的能力；培养学生获取、筛选信息和制定工作计划、方案及实施、检查和评价的能力；培养学生独立分析、解决问题的能力；培养学生的团队工作、交流和组织协调的能力与责任心。

素质目标：培养学生养成严谨细致、一丝不苟的工作作风和严格按照国家标准绘图的习惯；培养学生的自信、竞争和效率意识；培养学生爱岗敬业、诚实守信、服务群众和奉献社会等职业道德。

子学习情境3.1　选择与编辑

工作任务单

情　　境	学习情境3　基本图形的编辑				
任务概况	**任务名称**	选择与编辑	日期	班级	学习小组	负责人
	组员					
任务载体和资讯		**载体：** AutoCAD Electrical 软件。 **资讯：** 1. 选择对象的基本方法。（重点） 2. 编组图形对象。 3. 移动图形对象。（重点） 4. 旋转图形对象。（重点） 5. 对齐图形对象。（重点）				

任务载体 和资讯		6. 缩放图形对象。（重点） 7. 拉伸图形对象。 8. 拉长图形对象。
任务目标	1. 掌握图形对象的选择、编组及移动方法。 2. 掌握图形对象的旋转、对齐及缩放方法。 3. 掌握图形对象的拉伸和拉长方法。	
任务要求	**前期准备**：小组分工合作，通过网络收集 ACE 软件有关选择与编辑的资料。 **上机实验要求**： 1. 实验前必须按教师要求进行预习，并写出实验预习报告，无预习报告者不得进行实验；按照教师布置的实验要求、任务进行实验操作，实验过程中发现问题应举手请教师或实验管理人员解答。 2. 按要求及时整理实验数据，撰写实验报告，完成后统一交给教师批改。 **任务成果**：一份完整的实验报告。 **实验报告要求**：实验报告是实验工作的全面总结，要用简明的形式将实验结果完整和真实地表达出来。因此，实验报告质量的好坏将体现学生的理解能力和动手能力。 1. 要符合"实验报告"的基本格式要求。 2. 要注明：实验日期、班级、学号。 3. 要写明：实验目的、实验原理、实验内容及步骤。 4. 要求：对实验结果进行分析、总结，书写实验的收获体会、意见和建议。 5. 要求：文理通顺、简明扼要、字迹端正、图表清晰、结论正确、分析合理、讨论力求深入。	

知识链接

3.1.1　选择对象的基本方法

在 AutoCAD 中，绘制和编辑一些图形对象时，都需要选择对象，而 AutoCAD 2014 提供了多种选择对象的方式，下面分别进行讲解。

1. 选择对象模式

AutoCAD 2014 中，系统用虚线亮显表示所选的对象，这些选中的对象就构成了选择集，选择集可以包括单个对象，也可以包括复杂的对象编组。要设置选择集，可以通过"选择集"选项卡进行设置。

打开"选择集"选项卡	
先按子学习情景1.2所述打开"选项"对话框，然后在"选项"对话框中单击"选择集"选项卡，就可以设置选择集了。	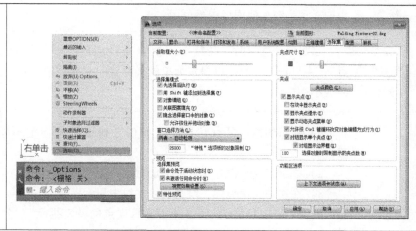

详述"选择集"选项卡	
"拾取框大小"的调整	拾取框是在编辑命令中出现的对象选择工具，拖动滑块将改变拾取框的大小。
"选择集模式"的设置	1）先选择后执行：设置在发出命令之前还是之后选择对象。 2）用 Shift 键添加到选择集：设置后续选择项是替换当前选择集还是添加到当前选择集中。 3）对象编组：选择编组中的一个对象就选择了编组中的所有对象。 4）关联图案填充：如果选择该选项，那么在选择填充图案时，也会同时选定填充图案的边界对象。 5）隐含选择窗口中的对象：选择该选项后，当从左向右框选时，系统将选择完全处于窗口边界内的对象（这种选择方法称为"窗口框选模式"或"右框选"，框选区为蓝色）；当从右向左框选时，系统将选择处于窗口边界内和与边界相交的对象（这种选择方法称为"交叉框选模式"或"左框选"，框选区为绿色）。 6）允许按住并拖动对象：如果未选择此选项，则可以在绘图区内单击两个单独的点来形成选择框（两次单击）。 7）窗口选择方法：使用下拉列表来更改窗口选择方法，窗口选择方法包括"两次单击""按住并拖拽"以及"两者-自动检测"。 8）"特性"选项板的对象限制：确定可以使用"特性"和"快捷特性"选项板一次更改的对象数。
"功能区选项"设置	上下文选项卡状态：将显示"功能区上下文选项卡状态选项"对话框，从中可以设置功能区上下文选项卡的显示设置对象。

"预览"设置	当拾取框光标滚动过对象时，对象亮显。特性预览仅在功能区和"特性"面板中显示，在其他面板中不可用。
"夹点尺寸"设置	当对象被选中时，其特殊点位置处将出现一个蓝色的小方块，这就是"夹点"。夹点框的大小是以像素为单位来设置的，拖动滑块将改变选择对象显示夹点的大小。
"夹点"其他参数设置	1）夹点颜色：可以在"夹点颜色"对话框中指定不同夹点状态和元素的颜色。 2）显示夹点：设置是否在选定对象上显示夹点。 3）在块中显示夹点：设置是否在块中显示夹点。 4）显示夹点提示：设置是否显示夹点的特定提示（当光标悬停在某夹点上时）。 5）显示动态夹点菜单：是指是否显示动态菜单（当鼠标悬停在多功能夹点上时）。 6）允许按 Ctrl 键循环改变对象编辑方式行为：按 Ctrl 键拖动夹点将连续创建若干个新对象。 7）对组显示单个夹点：显示对象组的单个夹点。 8）对组显示边界框：根据编组对象的范围显示边界框。 9）选择对象时限制显示的夹点数：选择集包括的对象多于指定数量时，不显示夹点。

2. 选择对象

选择对象的方法	
框选对象	**定义**：框选就是拖动鼠标在待选图形周围划一个矩形边框，以选中待选图形。 **注意**：从左向右框选称为"窗口框选模式"或"右框选"，框选区为蓝色，系统将选择完全处于窗口边界内的对象；从右向左框选称为"交叉框选模式"或"左框选"，框选区为绿色，这时只要图形与选择框有碰触就会被选中。
栏选对象	**定义**：栏选就是拖动鼠标形成任意线段，凡与此线相交的图形对象均被选中。 **方法**：当命令行提示"选择对象："或光标由"十字"变为"拾取框"时，在命令行输入"F"，画任意折线，凡与折线相交的目标对象均被选中。 **注意**：在没有执行任何命令情况下，输入 F 是倒圆角。
围选对象	**定义**：围选就是拖动鼠标形成任意封闭多边形，多边形窗口之内的图形对象皆被选中。 **方法**：当命令行提示"选择对象："或光标由"十字"变为"拾取框"时，在命令行输入"WP"，画任意多边形，此时完全被围住的对象将被选中，部分被

围选对象	围住的对象不被选中，这与"右框选"类似；当命令行提示"选择对象："或光标由"十字"变为"拾取框"时，在命令行输入"CP"，画任意多边形，此时完全被围住和部分围住的对象都将被选中，这与"左框选"操作类似。 **注意**：此操作在移动、旋转、镜像、复制、拉伸、缩放和删除等命令中可应用，但在没有执行任何命令的情况下，直接输入 CP 命令无效。

3. 快速选择

AutoCAD 2014 中提供了快速选择功能，运用该功能可以一次性选择绘图区中具有某一属性的所有图形对象（如具有相同的颜色、图层、线型、线宽等）。

启动"快速选择"命令
◇ 快捷菜单：当命令行处于等待状态时，右击绘图区空白处，在弹出的快捷菜单中选择"快速选择"。 ◇ 命令行：在命令行中输入或动态输入"QSELECT"命令并按 Enter 键。
"快速选择"对话框
启动"快速选择"命令后，将弹出"快速选择"对话框。此时用户可以根据所要选择目标的属性，一次性选择绘图区中具有该属性的所有对象，如图 3-1-1 所示。

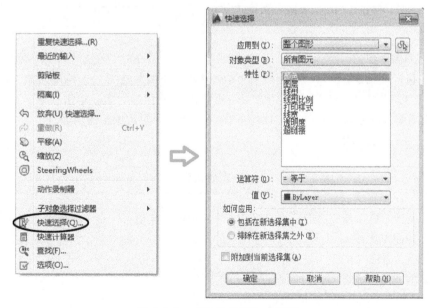

图 3-1-1 "快速选择"对话框

要使用快速选择功能对图形进行选择，可以在"快速选择"对话框的"应用到"下拉列表中选择要应用到的图形，或者单击右侧的 图标。

在绘图区中选择需要快速选择的图形，按 Enter 键确认后，自动返回"快速选择"对话框，在"特性"列表框中选择某特性（如颜色、线型、图层等），在"运算符"列表框中设置过滤的范围，选项包括"等于""不等于""大于""小于"和"全部选择"，使用"全部选择"选项将忽略所有特性过滤器。在"值"下拉列表中选择图层名，然后单击"确定"按钮即可。

3.1.2　编组

当把若干个对象定义为选择集，并让它们在以后的操作中始终作为一个整体时，可以对这个选择集进行编组，同时给其命名并保存起来，这个选择集就是对象组。

编组的方法
◇ 面板：在"默认"选项卡下的"组"功能面板中单击"编组"图标 。 ◇ 命令行：在命令行中输入或动态输入"GROUP"（快捷命令为"G"）并按 Enter 键。
创建编组的步骤
执行"编组"命令后，在命令提示下，输入编组的成员数 n 和编组的名称，之后拾取要编组的对象，并按 Enter 键即可。
创建编组的步骤
◇ ：解除对象的编组。 ◇ ：执行该命令后，命令行会提示"输入选项 [添加对象（A）/删除对象（R）/重命名（REN）]："。单击"添加对象（A）"后，可拾取要添加的对象；单击"删除对象（R）"后，可拾取要删除的对象；单击"重命名（REN）"后，可更改编组的名称。 ◇ ：启用/禁用编组。
组编辑的示例
在一个由圆、矩形及五边形组成的组合中将五边形剔除出去，命令行操作如下： 命令：GROUPEDIT 选择组或 [名称（N）]：　　　（选择对象组） 输入选项 [添加对象（A）/删除对象（R）/重命名（REN）]：R　　　（选择"删除对象（R）"） 选择要从编组中删除的对象...　　　（选择要剔除的那个五边形） 删除对象：找到 1 个，删除 1 个 删除对象：　　（按 Enter 键后，即剔除掉那个五边形，此时的组合中只剩下圆和矩形）

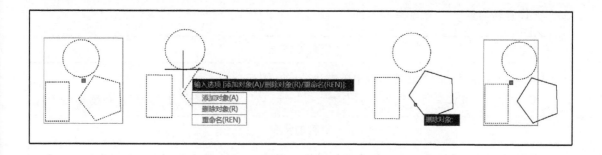

3.1.3　移动

"移动"命令是指在指定的方向上、按指定距离移动对象，被移动的对象并不改变其方向和大小。

移动的方法
◇ 面板：在"修改"功能面板中单击"移动"图标✛。 ◇ 命令行：在命令行中输入或动态输入"MOVE"（快捷命令为"M"）并按 Enter 键。
移动的步骤
执行"移动"命令（M）后，拾取要移动的对象并按 Enter 键，然后指定基点，接着指定第二个点，这时一、二点之间的坐标增量即为移动对象相对于原位置的坐标增量。 提示：移动图形的过程中一般要打开捕捉功能，以便精确地指定移动的基点和第二个点。
移动的示例

移动圆，使该圆的圆心与另一矩形的角点重合，命令行操作如下： 命令：MOVE 选择对象：找到 1 个 选择对象：　（选择要移动的对象） 指定基点或［位移（D）］<位移>：CEN 于　（捕捉圆心作为移动的基点） 指定第二个点或 <使用第一个点作为位移>：INT 于　（捕捉矩形的角点作为移动的第二点）	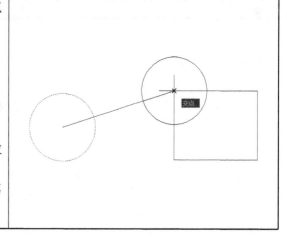

3.1.4　旋转

"旋转"命令是指将选中的对象绕指定的基点进行旋转，可选择转角方式、复制旋转和参照方式旋转对象。

旋转的方法
◇ 面板：在"修改"功能面板中单击"旋转"图标↺。 ◇ 命令行：在命令行中输入或动态输入"ROTATE"（快捷命令为"RO"）并按 Enter 键。
旋转的步骤
执行"旋转"命令后，拾取要旋转的对象并按 Enter 键，接着指定旋转基点和旋转角度，即可旋转对象。
旋转的命令行选项
◇ 复制（C）：选择该项后，系统将保留原位置对象，并将复制对象旋转到新位置。 ◇ 参照（R）：选择了该项后，将先捕获某线段的倾角（捕捉该线段的两个端点，即可获取该线段的倾角），再指定旋转角度，最终图形的旋转角度为旋转角度减去参照角度。
旋转的命令示例

将矩形逆时针旋转60°，命令行操作如下： 命令：ROTATE UCS 当前的正角方向：　ANGDIR = 逆时针　ANGBASE = 0 选择对象：指定对角点：找到 1 个 选择对象：　　（选择要旋转的对象） 指定基点：int 于　　（捕捉矩形的一个角点作为旋转的基点） 指定旋转角度，或［复制（C）/参照（R）］＜0＞：60	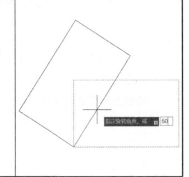

3.1.5　对齐

"对齐"命令是指可以通过移动、旋转或倾斜对象来使该对象与另一个对象对齐。

对齐的方法
◇ 面板：单击"修改"功能面板下面的 ，再单击下拉列表中的"对齐"图标。 ◇ 命令行：在命令行中输入或动态输入"ALIGN"命令（快捷命令为"AL"）并按 Enter 键。
对齐的步骤
执行"对齐"命令后：①先拾取原对象（即要移动并对齐到目标对象的对象）并按 Enter 键。②然后在原对象及目标对象上各指定一点，若此时按空格键确认，则原对象将平移到目标对象上，且刚才指定的原对象上的点和目标对象上的点将重合。③继续分别在原对象及目

标对象上指定第二点，若此时按空格键确认，则原对象将平移并旋转到目标对象上，且原对象和目标对象上的一、二点间线段将对齐重合。④如果是空间图形，则用到原对象和目标对象上的第三点。

对齐的命令行选项
对齐的命令行选项为"是否基于对齐点缩放对象？［是（Y）/否（N）]:"，如果选择"否（N）"，将不缩放要对齐的图形，反之将缩放要对齐的图形。

对齐的示例	
将矩形对齐到半圆上，命令行操作如下： 命令：ALIGN 选择对象：指定对角点：找到 1 个 选择对象：　　（框选要对齐的对象） 指定第一个源点：int 于　　（捕捉点 1） 指定第一个目标点：int 于　　（捕捉点 2） 指定第二个源点：int 于　　（捕捉点 3） 指定第二个目标点：int 于　　（捕捉点 4） 指定第三个源点或 <继续>：　　（回车） 是否基于对齐点缩放对象？［是（Y）/否（N）] <否>：N	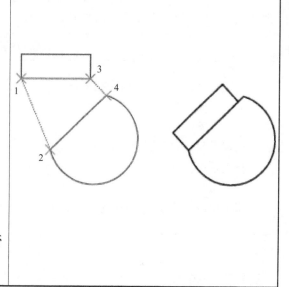

3.1.6　缩放

　　"缩放"命令可以按指定的比例因子改变实体的尺寸大小，从而改变对象的尺寸，但不改变其状态。可以把整个对象或者对象的一部分沿 X、Y、Z 方向以相同比例放大或缩小，由于 3 个方向的缩放率相同，因此保证了缩放实体的形状不变。

缩放的方法
◇ 面板：在"修改"功能面板中单击"缩放"图标。 ◇ 命令行：在命令行中输入或动态输入"SCALE"（快捷命令为"SC"）并按 Enter 键。
缩放的步骤
执行"缩放"命令后：①先拾取要缩放的对象。②指定基点（即缩放的中心点）。③输入比例因子或拖动并单击指定新比例。

缩放的命令行选项
◇ 指定比例因子：可以直接指定比例因子，大于1的比例因子使对象放大，而介于0和1之间的比例因子将使对象缩小。 ◇ 复制（C）：可以复制缩放对象，即缩放对象时，保留原对象。 ◇ 参照（R）：采用参考方向缩放对象，当系统提示"指定参照长度："时，通过指定两点来定义参照长度；当系统继续提示"指定新的长度或［点（P）］＞1.0000＞："时，指定新长度并按 Enter 键。若新长度值大于参考长度值，则放大对象，否则缩小对象。

"SCALE" 命令与 "ZOOM" 命令的区别
"SCALE" 命令与 "ZOOM" 命令的区别是前者可改变实体的尺寸大小，后者只是缩放图形的显示区域，并不改变实体尺寸值。

缩放的示例	
将五角星缩小一半，命令行操作如下： 命令：SCALE 选择对象：指定对角点：找到 5 个 选择对象： （框选要缩放的对象） 指定基点：int 于 （捕捉五角星的一个角点作为缩放的中心点） 指定比例因子或［复制（C）/参照（R）］：0.5	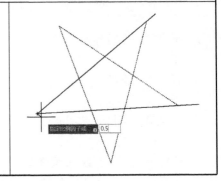

3.1.7 拉伸

"拉伸"命令可以按指定的方向和角度拉长或缩短实体，也可以调整对象大小，使其在一个方向上按比例增大或缩小；还可以通过移动端点、顶点或控制点来拉伸某对象。

拉伸的方法
◇ 面板：在"修改"功能面板中单击"拉伸"图标。 ◇ 命令行：在命令行中输入或动态输入"STRETCH"（快捷命令为"S"）并按 Enter 键。
拉伸的步骤
执行"拉伸"命令后：①使用交叉框选方式（即从右至左框选）选择对象的某一部分，并按空格键或 Enter 键确认。②指定拉伸基点，然后指定第二点，以确定距离和方向（基点与第二点间的线段方向即为图形的拉伸方向，基点与第二点间的线段长度即为图形的拉伸距离）。

拉伸的注意事项
"拉伸"命令选择对象时只能使用交叉框选方式，当对象有端点在窗口的选择范围外时，窗口内的部分将被拉伸，窗口外的端点将保持不动。 　　如果对象是文字、块或圆时，它们不会被拉伸；当对象整体在窗口选择范围内时，它们只可以移动，而不能被拉伸。

拉伸的示例	
将矩形拉伸成平行四边形，命令行操作如下： 命令：STRETCH　　以交叉框选或交叉多边形选择要拉伸的对象… 　　选择对象：指定对角点：找到 1 个 　　选择对象：　　（交叉框选要拉伸对象的一部分） 指定基点或［位移（D）］＜位移＞：int 于　　（捕捉四边形的一个角点作为拉伸的基点） 指定第二个点或 ＜使用第一个点作为位移＞：	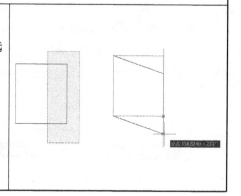

3.1.8　拉长

　　"拉长"命令可以改变非闭合直线、圆弧、非闭合多段线、椭圆弧和非闭合样条曲线的长度，也可以改变圆弧的角度。

拉长的方法
◇ 面板：在"修改"功能面板下面单击 ▼ 后，再在下拉列表中单击"拉长"图标。 ◇ 命令行：输入或动态输入"LENGTHEN"命令（快捷命令为"LEN"）并按 Enter 键。

拉长的步骤
执行"拉长"命令后：①单击命令行中的选项"选择对象或［增量（DE）/百分数（P）/全部（T）/动态（DY）]:"，再按空格键或 Enter 键确认。②拾取要拉长的对象，即可实现从距离选择点最近的端点处拉长。③按 Esc 键退出。

拉长的命令行选项
◇ 增量（DE）：选择拉长的长度值。 　　◇ 百分数（P）：选择拉长的长度值占总长的百分比，该百分比必须为正且非零。当百分比小于 100 时，将缩短对象；反之，则拉长对象。 　　◇ 全部（T）：可通过指定对象的新长度或新角度，来改变其总长度。如果指定的新长度（角度）小于对象原来的长度（角度），那么原对象将被缩短；反之，则被拉长。 　　◇ 动态（DY）：激活"动态"选项后，可通过鼠标拖动对象端点，使其长度或角度增大或减小。

拉长的示例

将直线拉长1倍，命令行操作如下：

命令：LENGTHEN

选择对象或［增量（DE）/百分数（P）/全部（T）/动态（DY）］：　（选择要拉长的对象）

当前长度：272.8437

选择对象或［增量（DE）/百分数（P）/全部（T）/动态（DY）］：P　（单击"百分数（P）"）

输入长度百分数 ＜100.0000＞：200　（输入200，即要将直线拉长200%）

选择要修改的对象或［放弃（U）］：　（再次选择要拉长的对象）

选择对象或　　　　　输入长度百分数 <100.0000>: 200　　　　　选择要修改的对象或

子学习情境3.2　修剪与编辑

情境导入

工作任务单

情　　境	学习情境3　基本图形的编辑					
任务概况	任务名称	修剪与编辑	日期	班级	学习小组	负责人
	组员					
任务载体和资讯			载体：AutoCAD Electrical 软件。 资讯： 1. 删除图形对象。 2. 修剪图形对象。（重点） 3. 延伸线条。（重点） 4. 打断与打断于点。（重点） 5. 分解与合并图形对象。（重点） 6. 圆角与倒角。				

任务目标	1. 掌握修剪与延伸图形对象的方法。 2. 掌握打断与打断于点的方法。 3. 掌握分解与合并图形对象的方法。
任务要求	**前期准备**：小组分工合作，通过网络收集 ACE 软件有关图形修剪与编辑的资料。 **上机实验要求**： 1. 实验前必须按教师要求进行预习，并写出实验预习报告，无预习报告者不得进行实验；按照教师布置的实验要求、任务进行实验操作，实验过程中发现问题应举手请教师或实验管理人员解答。 2. 按要求及时整理实验数据，撰写实验报告，完成后统一交给教师批改。 **任务成果**：一份完整的实验报告。 **实验报告要求**：实验报告是实验工作的全面总结，要用简明的形式将实验结果完整和真实地表达出来。因此，实验报告质量的好坏将体现学生的理解能力和动手能力。 1. 要符合"实验报告"的基本格式要求。 2. 要注明：实验日期、班级、学号。 3. 要写明：实验目的、实验原理、实验内容及步骤。 4. 要求：对实验结果进行分析、总结，书写实验的收获体会、意见和建议。 5. 要求：文理通顺、简明扼要、字迹端正、图表清晰、结论正确、分析合理、讨论力求深入。

 知识链接

3.2.1 删除

删除的方法
◇ 面板：在"修改"功能面板中单击"删除"图标 ✎。 ◇ 命令行：在命令行中输入或动态输入"ERASE"（快捷命令为"E"）并按 Enter 键。
删除的步骤
可以先选择对象，然后调用"删除"命令；也可以先调用"删除"命令，然后再选择对象。当选择多个对象时，多个对象都被删除；若选择的对象属于某个对象组，则该对象组的所有对象都被删除。

3.2.2　修剪

"修剪"命令可以通过指定边界对图形对象进行修剪，该命令可以修剪的对象包括直线、圆、圆弧、射线、样条曲线、面域、尺寸、文本以及非封闭的 2D 或 3D 多段线等，修剪的边界可以是除图块、网格、三维面、轨迹线以外的任何对象。

修剪的方法
◇ 面板：在"修改"功能面板中单击"修剪"图标 ⊹。 ◇ 命令行：在命令行中输入或动态输入"TRIM"（快捷命令为"TR"）并按 Enter 键。
修剪的步骤
执行"修改"命令后：①拾取与要剪切对象相交的所有对象（即拾取剪切边界），并按空格键或 Enter 键确认。②拾取对象中要剪切的部分。
修剪的命令行选项
◇ 栏选（F）：用来修剪与选择栏相交的所有对象，选择栏是一系列临时线段，是用两个或多个栏选点指定的。 ◇ 窗交（C）：将框选到的图形全部剪切。 ◇ 投影（P）：用于确定修剪操作的空间，主要是指三维空间中的两个对象的修剪，此时可以将对象投影到某一平面上进行修剪操作。 ◇ 边（E）：单击该选项后将弹出第二层命令行选项"［延伸（E）/不延伸（N）］"，用于确定修剪边的隐含延伸模式。
注意：在修剪操作时按住 Shift 键，可将"修剪"命令转换为"延伸"命令。当选择要修剪的对象时，若某条线段未与修剪边界相交，则按住 Shift 键后单击该线段，可将其延伸到最近边界。
修剪的示例
将五角星中间的五条线段剪掉，命令行操作如下： 命令：TRIM 当前设置：投影 = UCS，边 = 无 选择剪切边…… 选择对象或 <全部选择>：找到 1 个 选择对象：找到 1 个，总计 2 个　（选择了两条剪切边） 选择对象： 选择要修剪的对象，或按住 Shift 键选择要延伸的对象，或 ［栏选（F）/窗交（C）/投影（P）/边（E）/删除（R）/放弃（U）］：　（选择线段上要删除掉的部分） … 以此类推将五角星中间的五条线段剪掉。

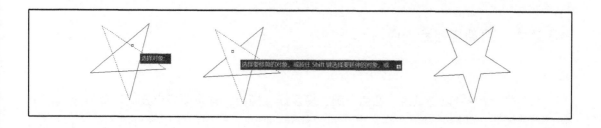

3.2.3　延伸

"延伸"命令可以将直线、弧和多段线等图元对象的端点延长到指定的边界，通常可以使用"延伸"命令的对象包括圆弧、椭圆弧、直线、非封闭的 2D 和 3D 多段线等，有效的边界对象有圆弧、块、圆、椭圆、浮动的视口边界、直线、多段线、射线、面域、样条曲线、构造线及文本等。

延伸的方法
◇　面板：在"修改"功能面板中单击"修剪"图标旁边的 ▼，再单击下拉列表中的"延伸"图标 --/。 ◇　命令行：在命令行中输入或动态输入"EXTEND"（快捷命令为"EX"）并按 Enter 键。
延伸的步骤
执行"延伸"命令后：①拾取延伸的范围或边界（线段或圆弧对象等），按空格键或 En-ter 键确认。②拾取要延伸的对象。
延伸的命令行选项
延伸的命令行选项同修剪。
延伸的示例
延伸圆弧使得该圆弧与角上方的直线连接，命令行操作如下： 命令：EXTEND 当前设置：投影 = UCS，边 = 无 选择边界的边… 选择对象或 ＜全部选择＞：找到 1 个 选择对象：　（选择了角上方的直线作为延伸的边界） 选择要延伸的对象，或按住 Shift 键选择要修剪的对象，或 ［栏选（F）/窗交（C）/投影（P）/边（E）/放弃（U）］：　（选择要延伸的圆弧） 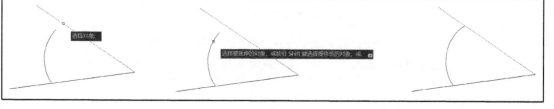

3.2.4　打断与打断于点

1. 打断

"打断"命令可以将直线、圆弧、圆、多段线、椭圆、样条曲线以及圆环等对象从两个指定点处断开，并删除对象在指定点之间的部分，但块、标注和面域等对象不能进行打断。执行"打断"命令后对象上将出现两个断点。

打断的方法
◇ 面板：在"修改"功能面板中单击▼，再单击下拉列表中的"打断"图标🔲。 ◇ 命令行：在命令行中输入"BREAK"（快捷命令为"BR"）并按 Enter 键。
打断的步骤
执行"打断"命令后：①拾取要打断的对象，拾取点也就是要打断的第一个点。②打开捕捉功能，捕捉要打断的第二个点。
打断的示例
将矩形从中央打断，并将打断部分删掉，命令行操作如下： 命令：BREAK 选择对象：nea 到　　　（利用最近点工具选择矩形上边线的打断点） 指定第二个打断点 或 [第一点（F）]：nea 到　　　（利用最近点工具选择矩形下边线的打断点） 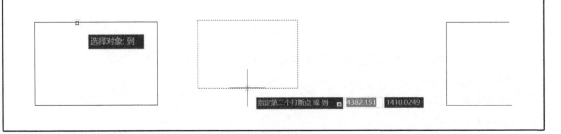

2. 打断于点

"打断于点"命令可以将直线、圆弧、圆、多段线、椭圆、样条曲线以及圆环等对象从一个指定点处断开，但块、标注和面域等对象不能进行"打断于点"操作。

打断于点的方法
◇ 面板：在"修改"功能面板下面单击▼，再单击下拉列表中的"打断于点"图标🔲。 ◇ 命令行：在命令行中输入"Break"（快捷命令为"BR"）并按 Enter 键。

打断于点的步骤
执行"打断"命令后：①拾取要打断的对象，拾取点也就是要打断的第一个点。② 打开捕捉功能，捕捉要打断的第二个点。
打断于点的示例
将圆弧切割成两半，命令行操作如下： 命令：BREAK 选择对象： （选择要打断的圆弧） 指定第二个打断点 或 ［第一点（F）］：F （使用"打断于点"命令时，默认选项为"第一点（F）"） 指定第一个打断点：nea 到 （利用最近点工具选择圆弧上的打断点）

3.2.5 分解与合并

1. 分解

"分解"命令可以将多个组合实体分解为单独的图元对象。例如，使用"分解"命令可以将矩形分解成线段，将图块分解为单个独立的对象等。

分解的方法
◇ 面板：在"修改"功能面板中单击"分解"图标 。 ◇ 命令行：在命令行中输入或动态输入"EXPLODE"（快捷命令为"X"）并按 Enter 键。
分解的步骤
执行"分解"命令后，拾取待分解的对象并按空格键或 Enter 键即可。
注意
1）当使用"EXPLODE"命令分解带属性的图块时，属性值将被还原为基本图元的属性。 2）使用"MINSERT"命令插入的图块或外部参照对象，不能用"EXPLODE"命令分解。 3）一定宽度的多段线被分解后，AutoCAD 将放弃多段线的宽度和切线信息，分解后的多段线的宽度、线型和颜色将变为当前图层属性。

分解的示例
将一个矩形分解为四条线段，命令行操作如下： 命令：EXPLODE 选择对象：找到 1 个　　（选择要分解的矩形） 选择对象：　　　（按 Enter 键，即可把矩形分解为四条线段）

2. 合并

"合并"命令可以合并相似的对象，以形成一个完整的对象。

合并的方法
◇ 面板：在"修改"功能面板中单击"合并"图标➻。 ◇ 命令行：在命令行中输入或动态输入"JOIN"（快捷命令为"J"）并按 Enter 键。
合并的步骤
执行"合并"命令后，拾取待合并的各对象并按空格键或 Enter 键即可。
注意
使用"合并"命令进行合并操作时，可以合并的对象包括直线、多段线、圆弧、椭圆弧和样条曲线等，但是要合并的对象必须是相似的对象，且位于相同的平面上，每种类型的对象均有附加限制。其附加限制如下： 　　◇ 直线：直线对象必须共线，即位于无限长的直线上，但是它们之间可以有间隙。 　　◇ 多段线：对象可以是直线、多段线或圆弧。对象之间不能有间隙，并且必须位于与UCS 的 X、Y 平面平行的同一平面上。 　　◇ 圆弧：圆弧对象必须位于同一假想的圆上，它们之间可以有间隙，使用"闭合"选项可将圆弧转换成圆。 　　◇ 椭圆弧：椭圆弧必须位于同一椭圆上，它们之间可以有间隙。使用"闭合"项可将椭圆弧闭合成完整的椭圆。 　　◇ 样条曲线：样条曲线和螺旋对象必须相接在一起（端点对端点），多个样条曲线合并为单个样条曲线。
合并的示例
将两段圆弧合并为一段圆弧，命令行操作如下：

命令：JOIN

选择源对象或要一次合并的多个对象：找到 1 个　　　（选择要合并的第一个圆弧）

选择要合并的对象：找到 1 个，总计 2 个　　　（选择要合并的第二个圆弧）

选择要合并的对象：　　　（按 Enter 键）

2 条圆弧已合并为 1 条圆弧

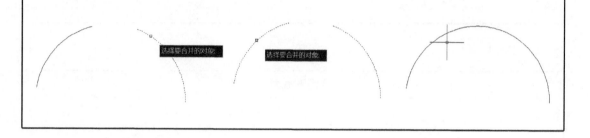

3.2.6　倒角与圆角

1. 图形倒角

图形倒角
"倒角"命令可以将两条线段以倒角的方式来连接。在实际的图形绘制中，通过"倒角"命令可将直角或锐角进行倒角处理。 　　如果系统支持三维建模，还可以倒角三维实体和曲面。如果选择网格进行倒角，则可以先将图形转换为实体或曲面，然后再完成此操作。 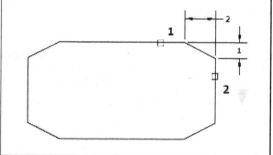
图形倒角的方法
◇ 面板：在"修改"功能面板中单击"斜角"图标旁的小黑三角，接着在下拉列表中单击"倒角"图标。 ◇ 命令行：在命令行中输入或动态输入"CHAMFER"并按 Enter 键。
图形倒角的示例
执行"默认→修改→倒角"命令，根据命令行的提示，设置两条倒角边距离，然后选择好所需的倒角边即可。命令行提示如下： 命令：CHAMFER （"修剪"模式）当前倒角距离 1 = 0.0000，距离 2 = 0.0000 选择第一条直线或 [放弃（U）/多段线（P）/距离（D）/角度（A）/修剪（T）/方式

（E）/多个（M）]： （拾取第一条线段）

选择第二条直线，或按住 Shift 键选择直线以应用角点或［距离（D）/角度（A）/方法（M）]：D （选择"距离（D）"选项）

指定第一个倒角距离 <0.0000>：50 （输入倒角的第一个距离参数）

指定第二个倒角距离 <50.0000>：30 （输入倒角的第二个距离参数）

选择第二条直线，或按住 Shift 键选择直线以应用角点或［距离（D）/角度（A）/方法（M）]： （拾取第二条线段）

2. 图形圆角

图形圆角	
"圆角"命令可以用圆弧将两个直线对象连接起来，且该圆弧与两直线段相切。同样在实际的图形绘制中，通过"圆角"命令可将直角或锐角进行圆角处理。 如果系统支持三维建模，还可以对三维实体和曲面执行圆角操作。如果选择网格对象执行圆角操作，可以选择在继续进行操作之前将网格转换为实体或曲面（在 AutoCAD LT 中不可用）。	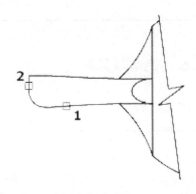

图形圆角的方法

◇ 面板：在"修改"功能面板中单击"圆角"图标 圆角。

◇ 命令行：在命令行中输入或动态输入"FILLET"并按 Enter 键。

图形圆角的示例

执行"默认→修改→倒角"命令，根据命令行的提示，设置圆角半径，然后选择好所需的倒角边即可。命令行提示如下：

命令：FILLET

当前设置：模式 = 修剪，半径 = 0.0000

选择第一个对象或［放弃（U）/多段线（P）/半径（R）/修剪（T）/多个（M）]：R （选择"半径（R）"选项）

指定圆角半径 <0.0000>：60 （输入圆角半径值）

选择第一个对象或［放弃（U）/多段线（P）/半径（R）/修剪（T）/多个（M）]： （拾取第一条线段）

选择第二个对象，或按住 Shift 键选择对象以应用角点或［半径（R）]： （拾取第二条线段）

子学习情境 3.3　填充与图层

工作任务单

情　　境	学习情境 3　基本图形的编辑				
任务概况	**任务名称**	填充与图层	日期	班级	学习小组	负责人
	组员					

任务载体和资讯	**载体：** AutoCAD Electrical 软件。 **资讯：** 1. 图案填充的概念及创建。（重点） 2. 渐变色的填充。（重点） 3. 填充的其他方式。（重点） 4. 图层及图层的创建。 5. 图层的编辑。 6. 图层的设置。 7. 图层状态的设置。

任务目标	1. 掌握图案填充的创建与编辑方法。 2. 掌握图层的创建与编辑方法。

任务要求	**前期准备：** 小组分工合作，通过网络收集 ACE 软件有关填充与图层的资料。 **上机实验要求：** 　1. 实验前必须按教师要求进行预习，并写出实验预习报告，无预习报告者不得进行实验；按照教师布置的实验要求、任务进行实验操作，实验过程中发现问题应举手请教师或实验管理人员解答。 　2. 按要求及时整理实验数据，撰写实验报告，完成后统一交给教师批改。 **任务成果：** 一份完整的实验报告。 **实验报告要求：** 实验报告是实验工作的全面总结，要用简明的形式将实验结果完整和真实地表达出来。因此，实验报告质量的好坏将体现学生的理解能力和动手能力。 　1. 要符合"实验报告"的基本格式要求。

任务要求	2. 要注明：实验日期、班级、学号。 3. 要写明：实验目的、实验原理、实验内容及步骤。 4. 要求：对实验结果进行分析、总结，书写实验的收获体会、意见和建议。 5. 要求：文理通顺、简明扼要、字迹端正、图表清晰、结论正确、分析合理、讨论力求深入。

知识链接

3.3.1　图案填充

当用户需要用一个重复的图案填充一个区域时，可以使用"图案填充"命令建立一个相关联的填充对象，然后指定相应的区域进行填充，这就是图案填充。

图案填充的过程	
1）在进行图案填充前，必须要确定填充图案的边界，而且该边界区域必须为封闭的区域。定义边界的对象只能是直线、构造线、射线、多段线、样条曲线、圆弧、圆、椭圆、椭圆弧、面域等。	2）在"默认"选项卡的"绘图"功能面板上单击图标■（图案填充命令）图标，打开"图案填充创建"选项卡。

3）在打开的"图案填充创建"选项卡中单击"图案"功能面板侧面的小箭头▲或▼，可筛选要填充的图案。也可单击▼，滑动滑块在弹出的下拉列表中选择合适的图案。	4）在绘图区中，单击所要填充的区域，则可显示所填充的图案，再按 Enter 键，完成图案填充。

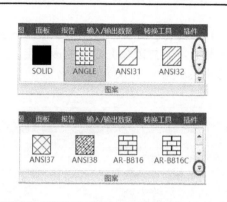 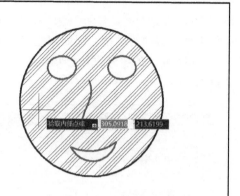

5）选中填充图案，将自动弹出"图案填充编辑器"选项卡，在"特性"功能面板中可设置图案尺寸比例，这里默认数据是1，当所填数据小于1或大于0，则可缩小所填充图案的尺寸，当所填数据大于1，则可放大所填充图案的尺寸。

6）在"图案填充编辑器"选项卡的"特性"功能面板中，可滑动滑块设置图案填充角度，填充角度可由0°调整到360°。

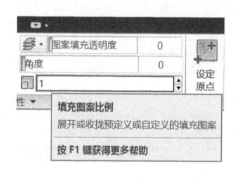 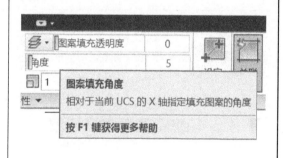

7）若想更改当前填充图案的颜色，只需单击"图案填充颜色"选项，选择所需颜色。

8）单击"背景色"选项，还可以更改填充图案的背景颜色。

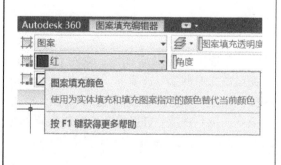 

9）单击"图案填充类型"选项，还可以更改填充图案的类型，例如预定义的填充图案、用户定义的填充图案、实体填充、渐变色填充。	10）在"图案填充透明度"选项位置滑动滑块，可以更改填充图案的透明度，透明度数据最小为 0，最大为 90。

3.3.2 渐变色填充

在 AutoCAD 软件中，除了可对图形进行图案填充外，也可对图形进行渐变色填充。执行"默认→绘图→图案填充"命令，在其下拉列表中选择"渐变色"选项，打开"图案填充创建"选项卡。

渐变色填充	
1）在"默认"选项卡的"绘图"功能面板中，单击"图案填充"图标旁边的小黑三角，接着在下拉列表单击"渐变色"图标。	2）然后执行"图案填充创建→特性→渐变色 1 和渐变色 2"命令，以选择两种渐变色。
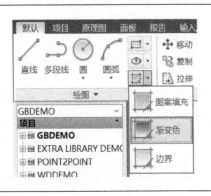	
3）在绘图区中，单击所要填充的区域，并按 Enter 键，即可完成图案填充。	4）选中填充的渐变色，则可自动弹出"图案填充编辑器"选项卡，此时用户可对渐变的方向、角度及透明度进行调整。单击"渐变明暗"选项，可以将两种颜色的渐变改为一种颜色的明暗渐变。

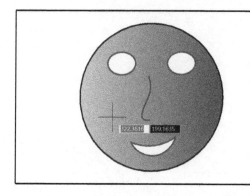
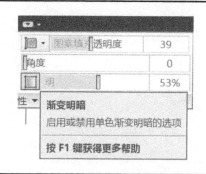

3.3.3　填充的其他方式

在 AutoCAD 中进行填充操作时，除了使用前面介绍的两种填充方式外，还可运用其他方式填充，其中包括边界填充和孤岛填充，下面将分别对其操作方法进行简单介绍。

1. 边界填充

创建边界填充	
当需要对图案进行填充时，用户可以通过定义对象边界并指定内部点的操作方式来实现填充效果。在 AutoCAD 软件中，可通过以下两种方法来创建边界填充。	
1）使用"拾取点"创建边界填充（单击填充）。在"图案填充创建"选项卡中，执行"边界→拾取点"命令，然后在图形中指定填充点，按 Enter 键，即可完成创建。	2）使用"选择边界对象"创建边界填充（框选填充）。同样在"图案填充创建"选项卡中，执行"边界→选择边界对象"命令，同时在绘图区中，框选所需填充的闭合线段，并按 Enter 键，即可完成填充。
	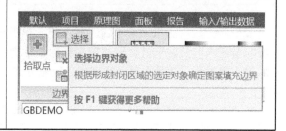

2. 孤岛填充

孤岛
在进行图案填充时，把位于整个填充区域内的封闭区域称为孤岛，如图 3-3-1 所示。在填充时，AutoCAD 允许用户以拾取点的方式确定填充边界，即在希望填充的区域内任意拾取一点，AutoCAD 会自动确定出填充边界以及该边界内的岛。如果用户是以拾取对象的方式确定填充边界的，则必须选择这些岛。

图 3-3-1　孤岛填充

孤岛的填充方式

　　若在一个封闭的图形内，还有一个或是多个封闭的图形，那么这一个或是多个图形的填充就称为孤岛填充。孤岛填充分为四种方式，分别为"普通孤岛检测""外部孤岛检测""忽略孤岛检测"和"无孤岛检测"，其中普通孤岛检测为系统默认类型。用户只需在"图案填充创建"功能面板中，单击"选项"下拉按钮，选择适合的孤岛填充方式即可。

四种孤岛填充方式的选择方法

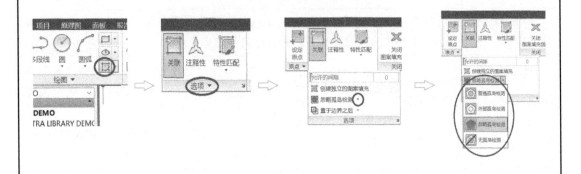

　　在"默认"选项卡绘图区的右下角，单击图标▨（图案填充命令），打开"图案填充创建"选项卡。然后单击"选项"功能面板下方的小黑三角，接着在下拉列表的第二行中再次单击小黑三角，这时将弹出四种孤岛填充方式。

四种孤岛填充方式的特点

普通孤岛检测：该方式从最外圈的边界线开始向内填充图案，当首次遇到内部的边界线时，停止填充，直到遇到第三层次的边界线时继续填充图案。	外部孤岛检测：该方式也是从最外圈的边界线向内填充图案，但遇到第二层次的内部边界线就停止填充。	忽略孤岛检测方式或无孤岛检测：该方式忽略边界内的对象，所有内部结构都被填充的图案所覆盖。

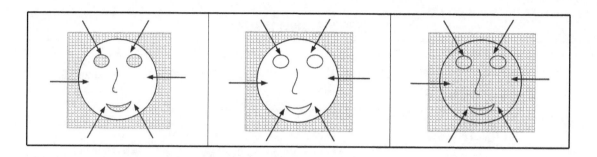

3.3.4 图层及图层的创建

1. 图层

图层的概念
图层可比作绘图区域中的一层层透明薄片。一张图样中可包含多个图层，各图层之间完全对齐并相互叠放在一起。 　　用户在绘制复杂图形时，若都在一个图层上绘制的话，很容易出错。这时就需要使用图层功能，用户可以在各个图层上绘制图形的不同部分，然后再将各图层相互叠加，这样就会显示整体图形效果。 　　当用户需要对图形的某一部分进行修改或编辑时，只需选择相应的图层即可。当单独对某一图层中的图形进行修改时，不会影响到其他图层中图形的效果。
使用图层绘制图形的优点
① 节省存储空间。 ② 能够统一控制同一图层对象的颜色、线条宽度、线型等属性。 ③ 能够统一控制同类图形实体的显示、冻结等特性。 ④ 在一个图形中可以建立任意数量的图层，且同一图层的实体数量也没有限制。 ⑤ 各图层具有相同的性质、绘图界限及显示时的缩放倍数，用户可同时对不同图层上的对象进行编辑操作。
注意
每张图样都包含"图层0"，该图层不能被删除或者重命名，但可以设定"图层0"的相关属性（比如颜色、线型等）。它有两个用途：一是确保每个图形中至少包括一个图层；二是提供与块中的颜色控制相关的特殊图层。默认情况下，"图层0"将被指定使用白色或黑色（由背景色决定）、Continuous 线型、"默认"线宽及 Color_7 打印样式。

2. 图层的创建

　　默认情况下，图形的绘制只有"图层0"。在绘图过程中，如果要使用更多的图层来组织图形就需要先创建新的图层。

打开"图层特性管理器"

◇ 面板：单击"默认"选项卡，再单击"图层"面板中的"图层特性"图标⬜。
◇ 命令行：在命令行输入或动态输入"LAYER"命令（快捷命令 LA）并按 Enter 键。
图层特性管理器如图 3-3-2 所示。

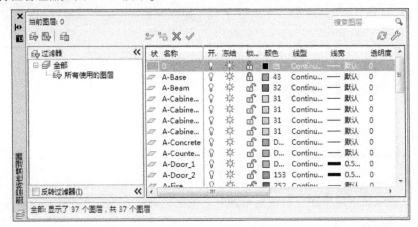

图 3-3-2　图层特性管理器

图层创建的方法

　　在"图层特性管理器"中单击"新建图层"图标⬜，这时将在图层的列表中出现名称为"图层 1"的新图层。如果要更改图层的名称，可单击该图层名，或者按 F2 键，输入一个新的图层名并按 Enter 键即可。

3.3.5　图层的编辑

1. 删除图层

删除图层

　　在"图层特性管理器"中选择需要删除的图层，然后单击"删除图层"图标✖或按 Alt + D 组合键。
　　如果要同时删除多个图层，可以配合 Shift 键或 Ctrl 键来选择多个连续或不连续的图层。

注意

　　用户在删除图层时，若系统提示该图层不能删除，则可以通过以下几种方法进行删除：
　　◇ 将无用的图层关闭，选择图样中的全部内容，按 Ctrl + C 组合键执行复制命令，然后新建一个"∗.dwg"文件，按 Ctrl + V 组合键进行粘贴，这时那些无用的图层就不会粘贴过来。但是，如果曾经在这个无用的图层中定义过某个块，又在另一个图层中插入了这个块，那么这个无用的图层是不能用这种方法删除的。

◇ 选择需要留下的图层，执行菜单栏中的"文件→输出"命令，确定文件名，在文件类型栏中选择"块（*.dwg）"选项，然后单击"保存"按钮，这样的块文件就是仅包含选中图层的图形，那些没有被选中的图层将留在原文件中。

◇ 打开一个 CAD 文件，先关闭要删除的图层，在图样上只留下用户需要的可见图形，执行菜单栏中的"文件→另存为"命令，在弹出的"图层另存为"对话框中，确定文件名，选择"*.dxf"文件类型，单击"工具"按钮，将再次弹出一个对话框，在此对话框中，单击"DXF选项"选项卡并勾选"选项对象"，然后依次单击"确定"和"保存"按钮，此时就可以选择保存的对象了，将可见或要用的图形选上即可，单击"确定"按钮保存，完成后退出，再打开该文件查看，会发现不需要的图层已经删除了。

◇ 用命令 LAYTRANS 将需要删除的图层映射为"图层 0"即可，这个方法可以删除具有实体对象或被其他块嵌套定义的图层。

2. 设置当前图层

AutoCAD 中绘制的图形对象都是在当前图层中进行的，且所绘制图形对象的属性也将继承当前图层的属性。

当前图层的设置方法
◇ 在图层特性管理器中选择一个图层，并单击"置为当前"图标✔即可。将某图层置为当前图层后，该图层名称前面会显示✔标记，如图 3-3-2 所示。 ◇ 在"图层"功能面板中单击"图层"选项后的"倒三角"按钮▼，并在弹出的下拉列表中单击某图层，可将其设置为当前的图层。

将某图形对象所在图层设为当前图层
◇ 在"图层"功能面板中单击图标✍，然后选择指定的图形对象，即可将所选对象的图层设为当前图层。 ◇ 在命令行输入"LAYMCUR"命令，根据命令行的提示，选择某图形对象，即可将该图形对象所在的图层设为当前图层。例如：当前图层为"图层 1"，执行该命令后，选择"图层 2"上的任何一个对象，即可快速地将"图层 2"置为当前层。

快速切换当前图层的方法
◇ 在命令行中输入"CLAYER"命令，根据命令行提示输入某图层名称，可快速将该图层切换为当前图层。例如：当前图层为"尺寸线层"，执行该命令，输入图层名称"虚线层"，即可快速将当前图层切换为"虚线层"。 **注意：**"CLAYER"命令一般使用在绘制的图形较大，图形对象较多，即使从图层下拉列表中，也难以快速找到该图层的情况下。这就要求用户在绘制图形前或建立图层时为图层设计简单易记的名称，从而可以快速切换到该图层。

3. 转换图层

转换图层
转换图层是指将一个图层中的图形转换到另一个图层中。例如：将"图层1"中的图形转换到"图层2"中，转换后图形的颜色、线型、线宽将拥有"图层2"的特性。

转换图层的方法	
当需要转换图层时，需要先在绘图区选择需要转换的图形，然后在"图层"选项下拉列表中选择要转换到的图层即可。	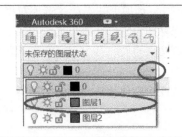

知识点滴
在选择对象时，如果需要选择同一图层上的所有对象，可使用"SELECT"命令，或者在绘图区右击，在弹出的快捷菜单中选择"快速选择"命令，弹出"快速选择"对话框（如图3-1-1所示），然后根据不同的要求，设置不同的参数，即可快速选择同一图层、同一颜色或同一线型等特性的对象，从而可以大大提高工作效率。

3.3.6 图层的设置

1. 设置图层的颜色特性

颜色在图形中具有非常重要的作用，可用来表示不同的组件、功能和区域。图层的颜色实际上是图层中图形对象的颜色。

图层颜色的设置方法
打开图层特性管理器，单击管理器图层列表中某个图层的"颜色"标识，弹出"选择颜色"对话框，根据需要选择不同的颜色即可。
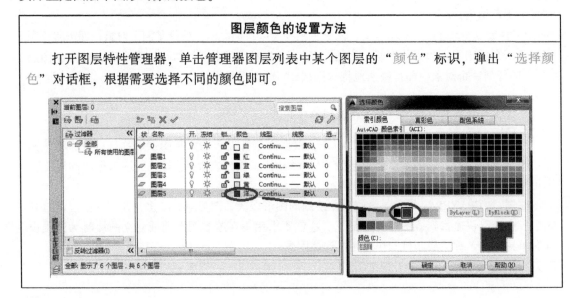

　　一般情况，不同的图层使用不同的颜色，这样用户在绘图过程中能更方便地从颜色上区分图形对象。如果两个图层使用同一颜色，那么在显示时就很难判断正在操作的对象是在哪一个图层上。

2. 设置图层线宽特性

图层线宽的设置方法

　　打开图层特性管理器，单击管理器图层列表中某个图层的"线宽"标识，弹出"线宽"对话框，从中选择合适的线宽即可。

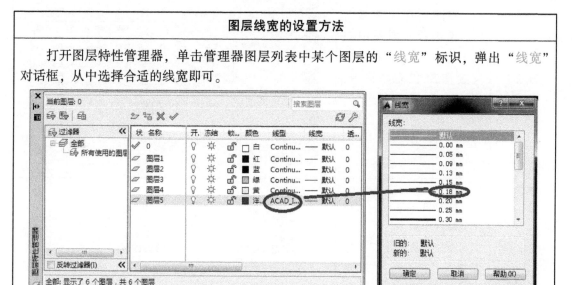

3. 设置图层线型特性

图层线型的设置方法

　　打开图层特性管理器，单击管理器图层列表中某个图层的"线型"标识，弹出"线型管理器"对话框，从中选择相应的线型即可。

　　如果"线型管理器"对话框中没有需要的线型，可单击"加载"按钮，然后在线型库中挑选需要的线型，并将之加载到"线型管理器"对话框中。

3.3.7 图层状态的设置

<table>
<tr><td colspan="2" align="center">设置图层状态</td></tr>
<tr>
<td align="center">方法1</td>
<td>在图层特性管理器中，单击相应图层中的"♀""☼""🔓"图标可设置图层状态。其中，"♀"为打开/关闭图层，"☼"为冻结/解冻图层，"🔓"为锁定/解锁图层。
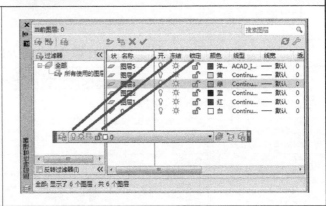</td>
</tr>
<tr>
<td align="center">方法2</td>
<td>先打开菜单栏，然后在菜单栏中单击"工具→工具栏→AutoCAD"，接着在下拉列表中勾选"图层"，可弹出"图层"工具栏，用户也可在"图层"工具栏中设置相应的图层状态。
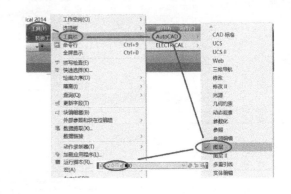</td>
</tr>
<tr><td colspan="2" align="center">图层状态</td></tr>
</table>

图层的"开/关"状态	图层的"冻结/解冻"状态	图层的"锁定/解锁"状态
在"图层"工具栏的列表框中，单击相应图层的小灯泡图标♀，可打开或关闭图层。图层在打开状态下，灯泡的颜色为黄色，该图层将显示在视图中，并可以输出打印；图层在关闭状态下，灯泡的颜色转为灰色♀，该图层不能在视图中显示出来，也不能打印出来。**注意：当前图层可以被关闭，还可以在关闭的当前图层上绘制线条。**	在"图层"工具栏的列表框中，单击相应图层的太阳☼或雪花瓣❄图标，可以冻结或解冻图层。当图层被冻结时，显示为雪花瓣❄图标，其图层上的图形对象不能被显示和打印出来，也不能被编辑或修改；当图层被解冻时，显示为太阳☼图标，此时图层上的对象可以被编辑。**注意：不可以冻结当前图层，不能在被冻结的图层上绘制线条。**	在"图层"工具栏的列表框中，单击相应图层的小锁🔓图标，可以锁定或解锁图层。当图层被锁定时，显示为🔒图标，此时不能删除锁定图层上的对象，但仍然可以在锁定的图层上绘制新的图形对象。**注意：可以在被锁定的图层上绘制线条，但不可以删除线条。**

提示
冻结图层可以减少系统重新生成图形的计算时间。若用户的计算机性能较好，且所绘制的图形较为简单，一般不会感觉到图层冻结的优越性。

子学习情境3.4　文字与标注

工作任务单

情　　境	学习情境3　基本图形的编辑				
任务概况	任务名称	文字与标注	日期	班级	学习小组	负责人
	组员					
任务载体和资讯			**载体**：AutoCAD Electrical 软件。 **资讯**： 1. 文字样式的设置。（重点） 2. 创建与编辑单行文字。（重点） 3. 创建与编辑多行文字。（重点） 4. 尺寸标注样式的创建与修改。（重点） 5. 基本尺寸标注的应用。（重点）			
任务目标	1. 掌握文字样式的设置方法。 2. 能熟练地创建和编辑文字。 3. 掌握创建和修改尺寸标注样式的方法。 4. 能熟练地对基本尺寸进行标注。					
任务要求	**前期准备**：小组分工合作，通过网络收集 ACE 软件有关编辑文字和尺寸标注的资料。 　　**上机实验要求**： 　　1. 实验前必须按教师要求进行预习，并写出实验预习报告，无预习报告者不得进行实验；按照教师布置的实验要求、任务进行实验操作，实验过程中发现问题应举手请教师或实验管理人员解答。 　　2. 按要求及时整理实验数据，撰写实验报告，完成后统一交给教师批改。 　　**任务成果**：一份完整的实验报告。 　　**实验报告要求**：实验报告是实验工作的全面总结，要用简明的形式将实验结果					

任务要求	完整和真实地表达出来。因此，实验报告质量的好坏将体现学生的理解能力和动手能力。 1. 要符合"实验报告"的基本格式要求。 2. 要注明：实验日期、班级、学号。 3. 要写明：实验目的、实验原理、实验内容及步骤。 4. 要求：对实验结果进行分析、总结，书写实验的收获体会、意见和建议。 5. 要求：文理通顺、简明扼要、字迹端正、图表清晰、结论正确、分析合理、讨论力求深入。

知识链接

3.4.1　文字样式

文字样式
图形中的所有文字都具有与之相关联的文字样式，系统默认使用的是"Standard"样式，用户可根据图样需要自定义文字样式，如文字的高度、大小、颜色等。

打开"文字样式"对话框
在 AutoCAD 中，若要对当前文字样式进行设置，可通过以下三种方法进行操作。

功能区命令方式	菜单栏命令方式	快捷命令方式
在"默认"选项卡的"注释"功能面板中单击下方的小黑三角，然后在下拉列表中单击图标 A，即可打开"文字样式"对话框。	在菜单栏中单击"格式"，然后在弹出的下拉列表中再选择"文字样式"，同样也可打开"文字样式"对话框。	用户在命令行中直接输入"ST"后按 Enter 键，也可打开"文字样式"对话框。

设置文字样式	
1）打开"文字样式"对话框，然后在其上单击"新建"按钮，如图3-4-1所示。	2）在"新建文字样式"对话框中，输入样式名称，这里保持默认名称"样式1"，然后单击"确定"按钮，如图3-4-2所示。
 图3-4-1　新建文字样式	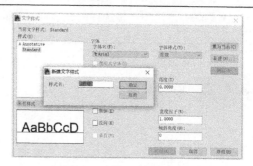 图3-4-2　输入样式的名称
3）返回上一级对话框，单击"字体名"下拉按钮，选择所需字体，这里选择"宋体"，如图3-4-3所示。	4）在"高度"文本框中输入合适的文字高度值，在"宽度因子"一栏中输入文字宽度缩放比例值，然后单击"应用"按钮，再单击"关闭"按钮即可，如图3-4-4所示。
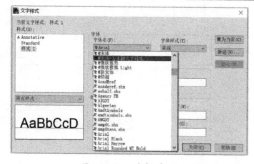 图3-4-3　选择字体	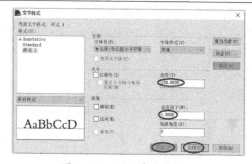 图3-4-4　设置字体的大小

"文字样式"对话框中各选项说明

● 样式：在该列表框中显示当前图形文件中的所有文字样式，并默认选择当前文字样式。

● 字体：在该选项组中，用户可设置字体名称和字体样式。单击"字体名"下拉按钮，可选择文本的字体，该列表罗列出了 AutoCAD 软件中所有字体；单击"字体样式"下拉按钮，可选择字体的样式，如常规、斜体、粗体和粗斜体等；当勾选"使用大字体"复选框时，"字体样式"选项将变为"大字体"选项，并在该选项中选择大字体样式。

● 大小：在该选项组中，用户可设置字体的高度。单击"高度"文本框，输入文字高度值即可。

● 效果：在该选项组中，用户可对字体的效果进行设置。勾选"颠倒"复选框，可将文字进行上下颠倒显示，该选项只影响单行文字；勾选"反向"复选框，可将文字进行反向显示；勾选"垂直"复选框，可将文字沿着竖直方向显示；"宽度因子"选项可设置字符间距，输入小于 1 的值将缩小文字间距，输入大于 1 的值，将加宽文字间距；"倾斜角度"选项用于指定文字的倾斜角度，当角度为正值时，向右倾斜，角度为负值时，向左倾斜。

- ●置为当前：该选项可将选择的文字样式设置为当前文字样式。
- ●新建：该选项可新建文字样式。
- ●删除：该选项可将选择的文字样式删除。

3.4.2　单行文字

1. 创建单行文字

单行文字可创建一行或多行的文字内容，按 Enter 键即可换行输入。使用"单行文字"命令输入的文字都是一个独立完整的对象，用户可对其进行重新定位、格式修改以及其他编辑操作。通常设置好文字样式后，即可进行文字的输入。

创建单行文字
1）在"默认"选项卡的"注释"功能面板的下方单击"▼"，然后在下拉列表中"文字样式"一栏中单击右侧的"▼"，最后在新弹出的列表中选择某个文字样式（这里包含用户创建的"文字样式"），以便在所创建的文字中使用该样式。 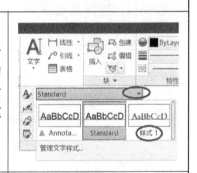
2）在"默认"选项卡"注释"功能面板的"A"下方单击"▼"，接着在下拉列表中选择"单行文字"命令，然后在绘图区中指定文字插入点，并根据命令行提示，输入文字高度和旋转角度，最后在绘图区中输入文字内容并按 Enter 键即可完成单行文字的创建。 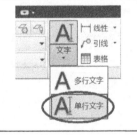
创建单行文字，命令行操作如下： 命令：TEXT 当前文字样式：　"Standard"　文字高度：　19.2021　注释性：　否　对正：　左 指定文字的起点或［对正（J）/样式（S）］：　（指定文字的插入点；或选择"样式（S）"，以选择在"文字样式"对话框中所创建的文字样式；或选择"对正（J）"，以选择文字图样的对正方式） 指定高度＜19.2021＞：100　（指定文字的高度） 指定文字的旋转角度＜0＞：0　（指定文字的旋转角度）

创建单行文字时的命令行选项说明

● 指定文字起点：在默认情况下，通过指定单行文字行基线的起点位置创建文字。

● 对正：在命令行中输入"J"后，即可设置文字排列方式。AutoCAD 为用户提供了多种对正方式，例如对齐、调整、居中、中间、右对齐、左上、中上、右上、左中、正中、右中和左下共 12 种对齐方式。

输入文字时，可随时改变文字的位置。如果在输入文字过程中想改变后面输入的文字位置，可将光标移动至新位置，即可继续输入文字。但在输入文字时，屏幕上显示的文字都是按前期设定的对正方式进行排列的，直到结束文字输入后，才可按照新指定的对正方式重新生成文字。

● 样式：在命令行中输入"S"后，可设置当前使用的文字样式。可直接输入新文字样式的名称，也可输入"?"，输入"?"后并按两次 Enter 键，则会在 AutoCAD 文本窗口中显示当前图形所有的文字样式。

● 指定高度：输入文字高度值。默认文字高度为 2.5。

● 指定文字的旋转角度：输入文字所需旋转的角度值。默认旋转角度为 0。

2. 编辑单行文字

输入好单行文字后，用户可对输入好的文字进行修改编辑操作，例如修改文字的内容、对正方式以及缩放比例。

编辑单行文字的方法

1) 用户只需双击所需修改的文字，即可进入文字的编辑状态。

2) 如果用户需对单行文字进行缩放或对正操作，则选中该文字，执行菜单栏中"修改→对象→文字"命令，在打开的级联菜单中根据需要选择"比例"或"对正"选项，然后根据命令行中的提示进行设置即可。

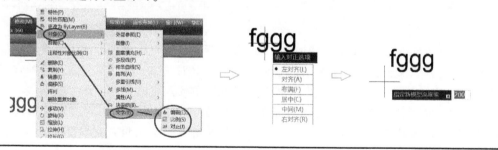

3.4.3 多行文字

1. 创建多行文字

多行文字又称段落文字，它是由两行或两行以上的文字组成。

创建多行文字

1) 首先创建文字样式，以便创建新文字时使用该样式。

2) 在"默认"选项卡"注释"功能面板中单击图标 A，如图 3-4-5 所示，接着在绘图区中指定文字的插入点，然后框选出多行文字的区域范围，如图 3-4-6 所示。此时可在文字编辑文本框中输入相关文字内容，输入完成后单击空白处任意一点，可完成多行文字输入操作，如图 3-4-7 所示。

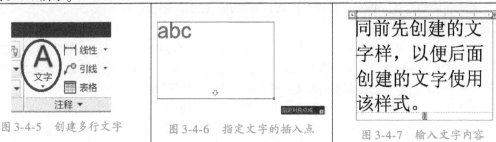

| 图 3-4-5　创建多行文字 | 图 3-4-6　指定文字的插入点 | 图 3-4-7　输入文字内容 |

2. 设置多行文字的格式

输入多行文字内容后，用户可对文字的格式进行设置。

设置多行文字的格式	
双击所需设置的文字内容，即可弹出"文字编辑器"选项卡，在该选项卡中可对多行文字进行设置。 	
格式	**段落**
在"文字编辑器"选项卡的"格式"功能面板中，用户可单击图标 **B** 对字体加粗；单击图标 *I* 可设置字体为斜体；单击图标 **T** 宋体 旁的" ▾ "，可在字体下拉列表中选择字体；单击图标 **U** 或 **Ō** 可添加文字的下划线或上划线；单击图标 ■c 旁的" ▾ "，可在颜色下拉列表中选择文字颜色；单击图标 Ａ 可添加字体的删除线；单击图标 Aa 可切换字母的大小写；单击图标 🄰 可设置文字的背景颜色。	在"文字编辑器"选项卡的"段落"功能面板中，用户单击图标 🄰 可设置文字的对正方式（对正方式的选择实际就是确定"文字块"的插入点或夹点位于"文字块"的哪个位置）；单击图标 ≔ 可对文字段落进行编号；单击图标 ⬚ 可设置文本段落的行距；单击图标 ▤ 可将文本段落设置为默认格式；单击图标 ▤ 、 ▤ 、 ▤ 、 ▤ 、 ▤ 可将段落设置为左对齐、居中、右对齐、对正、分散对齐。
插入	**样式**
在"文字编辑器"选项卡的"插入"功能面板中，单击图标 @ 可在下拉列表中选择要插入的特殊字符，例如希腊字母等。	在"文字编辑器"选项卡的"样式"功能面板中，单击" ▾ "或" ▴ "，可以选择前期所创建的文字样式。

3.4.4 尺寸标注样式

通常在标注之前，应先设置好标注的样式，如标注文字大小、箭头大小以及标注线样式等，这样在标注操作时才能够做到格式统一。

新建尺寸标注样式
AutoCAD 系统默认尺寸样式为 Standard，若对该样式不满意，用户可通过"标注样式管理器"对话框进行新尺寸标注样式的创建。下面将介绍新建尺寸标注样式的具体操作。

1）在"默认"选项卡"注释"功能面板的下方单击"▼"，然后在下拉列表中单击图标，即可打开"标注样式管理器"对话框，如图3-4-8所示。

2）在"标注样式管理器"对话框中单击"新建"按钮，接着在新弹出"创建新标注样式"对话框中输入新样式名，并单击"继续"按钮，如图3-4-9所示。

图 3-4-8 打开"标注样式管理器"对话框

图 3-4-9 "创建新标注样式"对话框

3）打开"新建标注样式"对话框，切换到"符号和箭头"选项卡，在"箭头"选项组中，设置标注中两个箭头的样式以及标注引线的样式，如图3-4-10所示。

4）在"符号和箭头"选项卡中，将箭头设置为合适大小，如图3-4-11所示。

图 3-4-10 箭头样式与标注引线样式

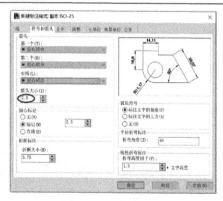

图 3-4-11 箭头的大小

5）切换至"文字"选项卡，可设置"文字样式""文字颜色"及"文字高度"，如图 3-4-12 所示。

6）在"文字位置"选项组中，可在"垂直"一栏中设置标注文字位于标注线的哪一边，还可在"水平"一栏中设置标注文字相对于上、下边界线的位置，如图 3-4-13 所示。

图 3-4-12　"文字"选项卡

图 3-4-13　确定文字的标注位置

7）切换至"主单位"选项卡，可在"精度"一栏中设置小数点后的有效位数，还可以在"比例因子"一栏中设置所标注尺寸与实际绘制尺寸的比值，如图 3-4-14 所示。

8）切换至"线"选项卡。在"尺寸界线"选项组中的"超出尺寸线"一栏中设置边界线超出标注线位置部分的长度，如图 3-4-15 所示。

图 3-4-14　"主单位"选项卡

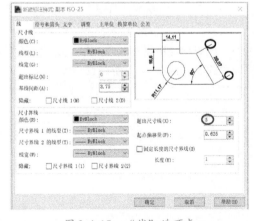

图 3-4-15　"线"选项卡

9）最后单击"确定"按钮返回"标注样式管理器"对话框，单击"置为当前"按钮即可完成操作。

3.4.5　修改及删除尺寸标注样式

尺寸标注样式设置好后，若不满意用户也可对其进行修改。

1. 修改标注线

打开"线"选项卡
在"默认"选项卡"注释"功能面板的下方单击"▼"，然后在下拉列表中单击图标 ⊿，在弹出的"标注样式管理器"对话框中单击"修改"按钮，在"修改标注样式"对话框中打开"线"选项卡，这时可根据需要对线的颜色、线型、线宽等参数进行修改，如图 3-4-16 所示。

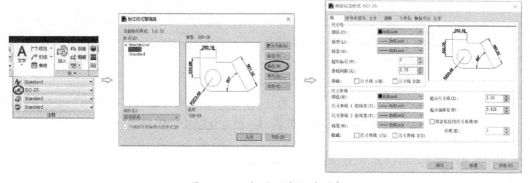

图 3-4-16　打开"线"选项卡

"线"选项卡的各选项说明	
"尺寸线"选项组	**"尺寸界线"选项组**
该选项组主要用于设置尺寸线的颜色、线型、线宽、超出标记、基线间距以及隐藏等属性。 　　颜色：用于设置尺寸线的颜色。 　　线型：用于设置尺寸线的线型。 　　线宽：用于设置尺寸线的宽度。 　　超出标记：用于调整尺寸线超出界线的距离。 　　基线间距：用于设置以基线方式标注尺寸时，相邻两尺寸线之间的距离。 　　隐藏：用于确定是否隐藏尺寸线及相应的箭头。	该选项组主要用于设置尺寸界线的颜色、线型、线宽、超出尺寸线、起点偏移量、固定长度的尺寸界线以及隐藏等属性。 　　颜色：用于设置尺寸界线的颜色。 　　线宽：用于设置尺寸界线的宽度。 　　尺寸界线 1 的线型/尺寸界线 2 的线型：用于设置尺寸界线的线型样式。 　　超出尺寸线：用于确定尺寸界线超出尺寸线的距离。 　　起点偏移量：用于设置尺寸界线与标注对象之间的距离。 　　固定长度的尺寸界线：可将两条尺寸界线都设置成为"长度"框中所指定的长度。 　　隐藏：用于确定是否隐藏尺寸界线。

2. 修改标注线的符号和箭头

打开"符号和箭头"选项卡	
打开"修改标注样式"对话框，切换至"符号和箭头"选项卡，这时可根据需要对箭头样式、箭头大小、圆心标注等参数进行修改。	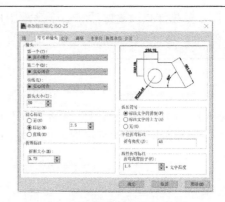
"箭头"选项组	**"圆心标记"选项组**
"箭头"选项组用于设置标注箭头的外观。 第一个、第二个：用于设置尺寸标注中第一个箭头与第二个箭头的外观样式。 引线：用于设定快速引线标注时的箭头类型。 箭头大小：用于设置尺寸标注中箭头的大小。	"圆心标记"选项组主要用于设置是否显示圆心标记以及标记大小。 无：在标注圆弧类的图形时，取消圆心标记。 标记：显示圆心标记。 直线：标注出圆心标记的中心线。
"折断标注"选项组	**"弧长符号"选项组**
折断标注：用于设置折断标注的大小。	"弧长符号"选项组用于设置弧长标注中圆弧符号的显示方式。 标注文字的前缀：将弧长符号放置在标注文字的前面。 标注文字的上方：将弧长符号放置在标注文字的上方。 无：不显示弧长符号。
"半径折弯标注"选项组	**"线型折弯标注"选项组**
该选项组用于设置半径标注的显示。半径折弯标注通常在中心点位于页面外部时创建。在"折弯角度"文本框中输入连接半径标注的尺寸界线和尺寸线的角度。	线型折弯标注：该选项可设置折弯高度因子的文字高度。

3. 修改尺寸文字

打开"文字"选项卡
打开"修改标注样式"对话框,切换至"文字"选项卡,这时可对文字的外观、位置以及对齐方式进行设置。 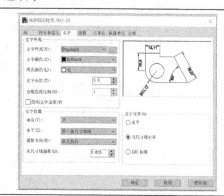
"文字外观"选项组
该选项组用于设置标注文字的格式和大小。 文字样式:用于选择当前标注的文字样式。 文字颜色:用于选择尺寸文字的颜色。 填充颜色:用于设置尺寸文字的背景颜色。 文字高度:用于设置尺寸文字的高度,如果选用的文字样式中,已经设置了文字高度,此时该选项将不可用。 分数高度比例:用于确定尺寸文字中的分数相对于其他标注文字的比例。 绘制文字边框:用于给尺寸文字添加边框。
"文字位置"选项组
"文字位置"选项组主要用于设置文字的垂直、水平位置、观察方向及距离尺寸线的偏移量。 　1)垂直:用于确定尺寸文字相对于尺寸线在垂直方向上的对齐方式。"垂直"选项包括: 　●居中:将标注文字放在尺寸线的两部分中间,如图 3-4-17a 所示。 　●上:将标注文字放在尺寸线上方。从尺寸线到文字的最低基线的距离就是当前的文字间距,如图 3-4-17b 所示。 　●外部:将标注文字放在尺寸线上远离第一个定义点的一边,如图 3-4-17c 所示。 　●JIS:按照日本工业标准(JIS)放置标注文字,如图 3-4-17d 所示。 　●下:将标注文字放在尺寸线下方。从尺寸线到文字的最低基线的距离就是当前的文字间距,如图 3-4-17e 所示。

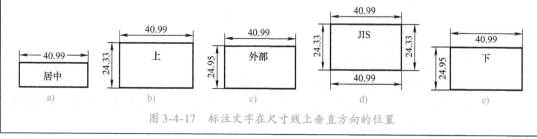

图 3-4-17　标注文字在尺寸线上垂直方向的位置

2）水平：用于设置标注文字相对于尺寸界线在尺寸线的水平方向的位置。"水平"选项包括：

● 居中：将标注文字沿尺寸线放在两条尺寸界线的中间，如图3-4-18a所示。

● 第一条尺寸界线：沿尺寸线与第一条尺寸界线左对正。尺寸界线与标注文字的距离是箭头大小加上文字间距之和的两倍，如图3-4-18b所示。

● 第二条尺寸界线：沿尺寸线与第二条尺寸界线右对正。尺寸界线与标注文字的距离是箭头大小加上文字间距之和的两倍，如图3-4-18c所示。

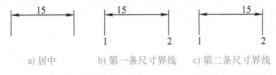

a) 居中　　　b) 第一条尺寸界线　　c) 第二条尺寸界线

图3-4-18　标注文字相对于两条尺寸界线的位置（1）

● 第一条尺寸界线上方：沿第一条尺寸界线放置标注文字或将标注文字放在第一条尺寸界线之上，如图3-4-19a所示。

● 第二条尺寸界线上方：沿第二条尺寸界线放置标注文字或将标注文字放在第二条尺寸界线之上，如图3-4-19b所示。

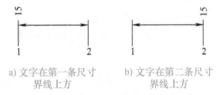

a) 文字在第一条尺寸　　　b) 文字在第二条尺寸
　　界线上方　　　　　　　　界线上方

图3-4-19　标注文字相对于两条尺寸界线的位置（2）

3）观察方向：用于选定标注文字的观察方向。观察方向选项包括：

● 从左到右：按从左到右阅读的方式放置文字。

● 从右到左：按从右到左阅读的方式放置文字。

4）从尺寸线偏移：设定当前文字间距，文字间距是指当尺寸线断开以容纳标注文字时，标注文字周围的距离用作尺寸线段所需的最小长度。

当箭头、标注文字以及尺寸界线有足够的空间容纳文字间距时，才将尺寸线上方或下方的文字置于尺寸界线内侧，如图3-4-20所示。

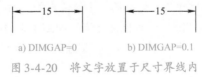

a) DIMGAP=0　　　　b) DIMGAP=0.1

图3-4-20　将文字放置于尺寸界线内

"文字对齐"选项组

该选项组用于设置尺寸文字放在尺寸界线的哪个位置。

水平：用于将尺寸文字水平放置。

与尺寸线对齐：用于设置尺寸文字方向与尺寸线方向一致。

ISO标准：用于设置尺寸文字按ISO标准放置，当尺寸文字在尺寸界线之内时，其文字放置方向与尺寸方向一致，而在尺寸界线之外时将水平放置。

4. 调整

打开"调整"选项卡
打开"修改标注样式"对话框，切换至"调整"选项卡，这时可对文字、箭头、引线和尺寸线的位置等参数进行调整。 

"调整选项"选项组

如果有足够大的空间，文字和箭头都将放在尺寸界线内。否则，将按照"调整"选项的设置重新调整尺寸界线、文字和箭头之间的位置。

1）文字或箭头：该选项会按照最佳效果将文字或箭头移动到尺寸界线外。

●当尺寸界线间的距离足够放置文字和箭头时，文字和箭头都放在尺寸界线内。否则，将按照最佳效果移动文字或箭头。

●当尺寸界线间的距离仅够容纳文字时，将文字放在尺寸界线内，而箭头放在尺寸界线外。

●当尺寸界线间的距离仅够容纳箭头时，将箭头放在尺寸界线内，而文字放在尺寸界线外。

●当尺寸界线间的距离既不够放文字又不够放箭头时，文字和箭头都放在尺寸界线外。

2）箭头：该选项会先将箭头移动到尺寸界线外，然后移动文字。

●当尺寸界线间的距离足够放置文字和箭头时，文字和箭头都放在尺寸界线内。

●当尺寸界线间距离仅够放下箭头时，将箭头放在尺寸界线内，而文字放在尺寸界线外。

●当尺寸界线间距离不足以放下箭头时，文字和箭头都放在尺寸界线外。

3）文字：该选项会先将文字移动到尺寸界线外，然后移动箭头。

●当尺寸界线间的距离足够放置文字和箭头时，文字和箭头都放在尺寸界线内。

●当尺寸界线间的距离仅能容纳文字时，将文字放在尺寸界线内，而箭头放在尺寸界线外。

●当尺寸界线间距离不足以放下文字时，文字和箭头都放在尺寸界线外。

4）文字和箭头：当尺寸界线间距离不足以放下文字和箭头时，文字和箭头都将会移动到尺寸界线外，如图 3-4-21 所示。

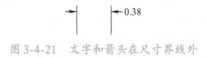

图 3-4-21 文字和箭头在尺寸界线外

5）文字始终保持在尺寸界线之间：始终将文字放在尺寸界线之间，如图 3-4-22 所示。

图 3-4-22　文字在尺寸界线之间

6）若不能放在尺寸界线内，则不显示箭头：如果尺寸界线内没有足够的空间，则不显示箭头。

"文字位置" 选项组

当标注文字不在默认位置时，该选项用于确定标注文字的位置。

尺寸线旁边：如果选定，只要移动标注文字尺寸线，文字就会随之移动，如图 3-4-23 所示。

图 3-4-23　文字在尺寸界线旁边

尺寸线上方，带引线：如果选定，移动文字时尺寸线不会移动。如果将文字从尺寸线上移开，将创建一条连接文字和尺寸线的引线。当文字非常靠近尺寸线时，将省略引线，如图 3-4-24所示。

图 3-4-24　文字在尺寸线上方，带引线

尺寸线上方，不带引线：如果选定，移动文字时尺寸线不会移动。远离尺寸线的文字不会添加引线使之与尺寸线相连，如图 3-4-25 所示。

图 3-4-25　文字在尺寸线上方，不带引线

"标注特征比例" 选项组

该选项组用于设定全局标注比例值或图样空间比例。

注释性：指定标注为注释性。

将标注缩放到布局：根据当前模型空间视口和图样空间之间的比例确定比例因子。当在图样空间而不是模型空间视口中绘图时，或当 TILEMODE 设置为 1 时，将使用默认比例因子 1.0 或使用 DIMSCALE 系统变量。

使用全局比例：为所有标注样式设置设定一个比例，这些设置指定了大小、距离或间距，包括文字和箭头大小。该缩放比例并不更改标注的测量值。

"优化" 选项组

该选项组将给用户提供用于放置标注文字的其他方法。

手动放置文字：忽略所有水平对正设置并把文字放在 "尺寸线位置" 提示下指定的位置。

在尺寸界线之间绘制尺寸线：即使箭头放在测量点之外，也在测量点之间绘制尺寸线。

5. 修改主单位

<table>
<tr><td colspan="2" align="center">打开"主单位"选项卡</td></tr>
<tr>
<td>

打开"修改标注样式"对话框，换至"主单位"选项卡，这时就可以设置主单位的格式与精度、测量单位比例、角度标注及消零等属性参数。
</td>
<td></td>
</tr>
<tr><td colspan="2" align="center">"线性标注"选项组</td></tr>
<tr><td colspan="2">

该选项组用于设定线性标注的格式和精度。

单位格式：设定除角度之外的所有标注类型的当前单位格式，堆叠分数中数字的相对大小由 DIMTFAC 系统变量确定（同样，公差数值也由此系统变量确定）。

精度：显示和设定标注文字中的小数位数。

分数格式：设定分数格式。

小数分隔符：设定用于十进制格式的分隔符。

舍入：为除"角度"之外的所有标注类型设置标注测量的舍入规则。如果输入 0.25，则所有标注距离都以 0.25 为单位进行舍入。如果输入 1.0，则所有标注距离都将舍入为最接近的整数。注意，小数点后显示的位数取决于"精度"设置。

前缀：在标注文字中包含指定的前缀，可以输入文字或使用控制代码显示特殊符号。例如，输入控制代码 %%c 显示直径符号。当输入前缀时，将覆盖在直径和半径等标注中使用的任何默认前缀。如果指定了公差，前缀将添加到公差和主标注中，如图 3-4-26 所示。

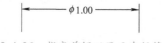

图 3-4-26　指定前缀以显示直径符号

后缀：在标注文字中包含指定的后缀，可以输入文字或使用控制代码显示特殊符号。例如，在标注文字中输入 mm 的结果如图 3-4-27 所示。输入的后缀将替代所有默认后缀。如果指定了公差，后缀将添加到公差和主标注中。

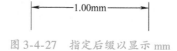

图 3-4-27　指定后缀以显示 mm
</td></tr>
<tr><td colspan="2" align="center">"测量单位比例"选项组</td></tr>
<tr><td colspan="2">

该选项组用于定义线性比例选项，主要应用于传统图形。

比例因子：设置线性标注值与实际线性尺寸值之间的比例因子。建议不要更改此值的默
</td></tr>
</table>

认值 1.00。例如，如果输入 2，则 1in 直线的尺寸将显示为 2in。该值不应用到角度标注，也不应用到舍入值或者正负公差值。

仅应用到布局标注：仅将测量比例因子应用于在布局视口中创建的标注。除非使用非关联标注，否则，该设置应保持取消复选状态。

<table>
<tr><td colspan="2" align="center">"消零"选项组</td></tr>
<tr><td colspan="2">

该选项组用于设置是否显示尺寸标注时的前导零和后续零。消零设置也会影响由 AutoLIS-P® rtos 和 angtos 函数执行的实数到字符串的转换。

前导：不输出所有十进制标注中的前导零，例如，0.5000 变为 .5000。选择前导以启用小于一个单位的标注距离的显示（以辅单位为单位）。

辅单位因子：将辅单位的数量设定为一个单位。它用于在距离小于一个单位时以辅单位为单位计算标注距离。例如，输入 100 表示后缀主单位 m 为后缀辅单位 cm 的 100 倍。

辅单位后缀：在标注值子单位中包含后缀，可以输入文字或使用控制代码显示特殊符号。例如，输入 cm 可将 .96m 显示为 96cm。

后续：不输出所有十进制标注的后续零，例如 12.5000 变成 12.5，30.0000 变成 30。

0 英尺：如果长度小于一英尺，则消除英尺-英寸标注中的英尺部分。

0 英寸：如果长度为整英尺数，则消除英尺-英寸标注中的英寸部分，例如 1′-0″ 变为 1′。
</td></tr>
<tr><td colspan="2" align="center">"角度标注"选项组</td></tr>
<tr><td colspan="2">

该选项组用于显示和设定角度标注的当前格式。

单位格式：设定角度单位格式。

精度：设定角度标注的小数位数。

消零：设置是否禁止输出前导零和后续零。

前导：禁止输出角度十进制标注中的前导零，例如 0.5000 变成 .5000。也可以显示小于一个单位的标注距离（以辅单位为单位）。

后续：禁止输出角度十进制标注中的后续零，例如 12.5000 变成 12.5，30.0000 变成 30。
</td></tr>
</table>

6. 删除尺寸样式

<table>
<tr><td colspan="2" align="center">删除尺寸样式</td></tr>
<tr><td colspan="2">

若想删除多余的尺寸样式，用户可在"标注样式管理器"对话框中进行删除操作。具体操作方法如下：
</td></tr>
<tr><td>1）打开"标注样式管理器"对话框，之后在"样式"列表框中，找到要删除的尺寸样式，这里选择"副本 ISO-25"。</td><td>2）右击，在快捷菜单中选择"删除"命令。</td></tr>
</table>

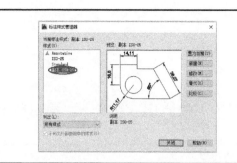	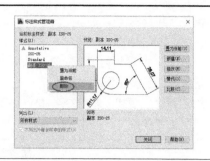
3）在打开的系统提示框中单击"是"按钮。	4）返回上一层对话框，此时"副本 ISO - 25"样式已被删除。
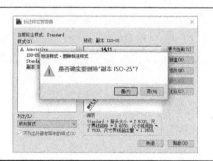	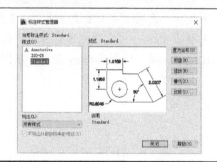

3.4.6 基本尺寸标注

AutoCAD 软件提供了多种尺寸标注类型，包括标注任意两点间的距离、圆或圆弧的半径和直径、圆心位置、圆弧或相交直线的角度等。下面分别介绍如何给图形创建尺寸标注。

1. 线性标注

什么是线性标注
线性标注用于标注图形的线性距离或长度。它是最基本的标注类型，可以在图形中创建水平、垂直或倾斜的尺寸标注。
怎样进行线性标注
执行"默认"选项卡"注释"功能面板的"线性"命令，根据命令行中的提示，指定图形的两个测量点，并指定好尺寸线位置即可。 

执行"线性标注"命令，命令行提示如下：

命令：DIMLINEAR

指定第一个尺寸界线原点或 <选择对象>：

指定第二个尺寸界线原点；

指定尺寸线位置或 [多行文字 (M) /文字 (T) /角度 (A) /水平 (H) /垂直 (V) /旋转 (R)]：

标注文字 = 40

命令行中各选项的含义

- 多行文字：该选项可以通过使用"多行文字"命令来编辑标注的文字内容。
- 文字：该选项是以单行文字的形式输入标注文字。
- 角度：该选项用于设置标注文字方向与标注端点连线之间的夹角，默认为 0。
- 水平/垂直：该选项用于标注水平尺寸和垂直尺寸。选择这两个选项时，用户可直接确定尺寸线的位置，也可选择其他选项来指定标注的标注文字内容或者标注文字的旋转角度，如图 3-4-28 所示。

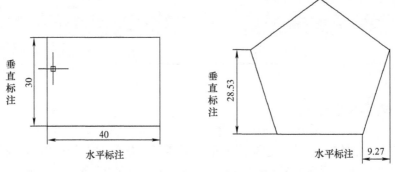

图 3-4-28　标注水平尺寸和垂直尺寸

- 旋转：该选项用于放置旋转标注对象的尺寸线，如图 3-4-29 所示。

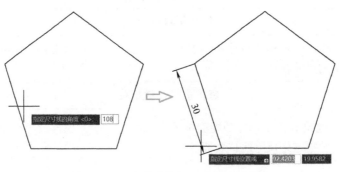

图 3-4-29　放置旋转标注对象的尺寸线

2. 对齐标注

什么是对齐标注

对齐标注用于创建倾斜直线的长度标注或两点间的距离标注。

怎样进行对齐标注

执行"注释→ 标注→对齐"命令，再根据命令行提示，捕捉图形两个测量点，指定好尺寸线位置即可。

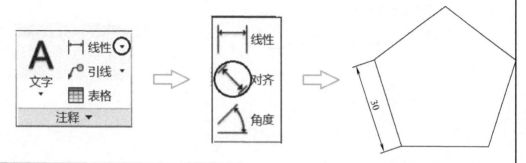

执行"对齐标注"命令，命令行提示如下：

命令：DIMALIGNED

指定第一个尺寸界线原点或 <选择对象>：

指定第二个尺寸界线原点：

指定尺寸线位置或［多行文字（M）/文字（T）/角度（A）］：

标注文字 = 30

命令行中各选项的含义

同"线性标注"。

对齐标注与线性标注的区别

线性标注和对齐标注都用于标注图形的长度。前者主要用于标注水平和垂直方向的直线长度；而后者主要用于标注倾斜方向上直线的长度。

3. 角度标注

什么是角度标注

角度标注可准确测量出两条线段之间的夹角。角度标注默认的方式是选择一个对象，有四种对象可以选择：圆弧、圆、直线和点。

怎样进行角度标注

执行"注释→标注→角度"命令，根据命令行提示信息，依次选中构成夹角的两条线段，指定好尺寸标注位置，即可完成，如图 3-4-30 所示。

执行"注释→标注→角度"命令，拾取圆弧，指定好尺寸标注位置，即可完成圆弧的角度标注，如图 3-4-31 所示。

执行"注释→标注→角度"命令，拾取圆上的某一点，指定圆上的另一点，指定好尺寸标注位置，即可完成圆上的某段圆弧的角度标注，如图 3-4-32 所示。

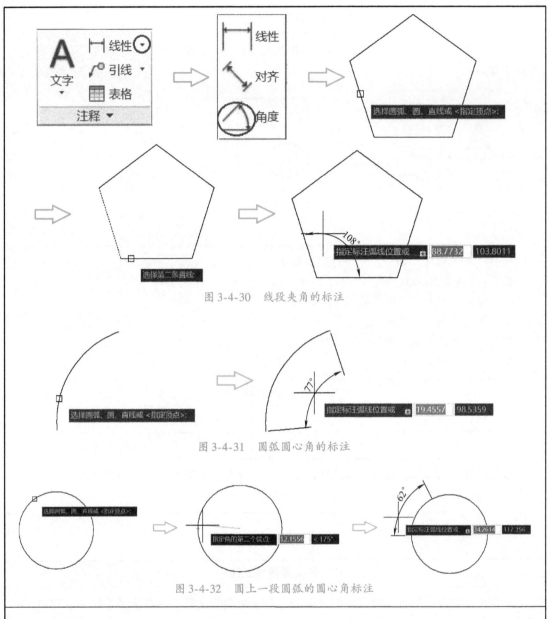

图 3-4-30　线段夹角的标注

图 3-4-31　圆弧圆心角的标注

图 3-4-32　圆上一段圆弧的圆心角标注

执行"角度标注"命令，命令行提示如下：

命令：DIMANGULAR

选择圆弧、圆、直线或 <指定顶点 >：

选择第二条直线：

指定标注弧线位置或［多行文字（M）/文字（T）/角度（A）/象限点（Q）］：

标注文字 =108

命令行中各选项的含义

同"线性标注"。

4. 半径/直径标注

什么是半径/直径标注
半径/直径标注主要用于标注圆或圆弧的半径或直径尺寸。

怎样进行半径/直径标注

执行"注释→标注→半径/直径"命令，再根据命令行提示，选中所需标注的圆的圆弧，并指定好尺寸标注位置点即可。

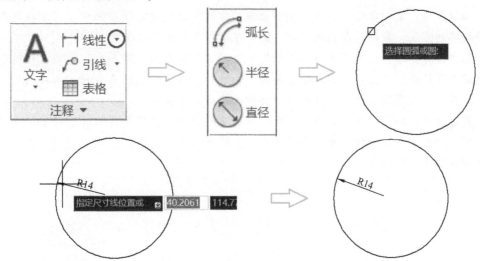

执行"半径标注"命令，命令行提示如下：

命令：DIMRADIUS

选择圆弧或圆：

标注文字 = 14

指定尺寸线位置或 [多行文字（M）/文字（T）/角度（A）]：

命令行中各选项的含义
同"线性标注"。

注意	
对圆弧进行标注时，半径或直径标注不需要直接沿圆弧进行设置。如果标注位于圆弧末尾之后，则将沿圆弧路径绘制延伸线。	

学习情境4

电气工程图的构建

 **学习目标**

知识目标： 掌握电气工程图的制图规范；掌握项目创建与编辑的方法；掌握图形创建与编辑的方法；掌握标题栏的填写方法；了解各项目文件的含义。

能力目标： 培养学生利用网络资源进行资料收集的能力；培养学生获取、筛选信息和制定工作计划、方案及实施、检查和评价的能力；培养学生独立分析、解决问题的能力；培养学生的团队工作、交流和组织协调的能力与责任心。

素质目标： 培养学生养成严谨细致、一丝不苟的工作作风和严格按照国家标准绘图的习惯；培养学生的自信、竞争和效率意识；培养学生爱岗敬业、诚实守信、服务群众和奉献社会等职业道德。

子学习情境4.1 电气工程图的制图规范

 **情境导入**

工作任务单

情　　境	学习情境4　电气工程图的构建				
任务概况	**任务名称**	电气工程图的制图规范	**日期**	**班级**	**学习小组**	**负责人**
	组员					
任务载体和资讯			**载体：** AutoCAD Electrical 软件。 **资讯：** 1. 电气工程图样的基本要求。 ①图纸的幅面。（重点）②图纸的边框线。（重点）③图纸的标题栏。（重点）④图纸的附加符号。⑤图纸的分区。（重点） 2. 绘制图样的其他要求。（重点）			

任务载体 和资讯		①比例。②字体。③图线。④尺寸标注。 3. 电气制图的表示法。 ①多线表示法和单线表示法。（重点）②电气元件的表示法。③电气元件的图形符号。④项目代号和端子代号。（重点）
任务目标	1. 掌握电气工程图样的要求。 2. 掌握电气制图的表示法。	
任务要求	**前期准备**：小组分工合作，通过网络收集电气工程图样的绘制方法。 **上机实验要求：** 1. 实验前必须按教师要求进行预习，并写出实验预习报告，无预习报告者不得进行实验；按照教师布置的实验要求、任务进行实验操作，实验过程中发现问题应举手请教师或实验管理人员解答。 2. 按要求及时整理实验数据，撰写实验报告，完成后统一交给教师批改。 **任务成果**：一份完整的实验报告。 **实验报告要求**：实验报告是实验工作的全面总结，要用简明的形式将实验结果完整和真实地表达出来。因此，实验报告质量的好坏将体现学生的理解能力和动手能力。 1. 要符合"实验报告"的基本格式要求。 2. 要注明：实验日期、班级、学号。 3. 要写明：实验目的、实验原理、实验内容及步骤。 4. 要求：对实验结果进行分析、总结，书写实验的收获体会、意见和建议。 5. 要求：文理通顺、简明扼要、字迹端正、图表清晰、结论正确、分析合理、讨论力求深入。	

知识链接

　　电气工程设计部门设计、绘制图样，施工单位按图样组织工程施工，所以图样必须有设计和施工等部门共同遵守的一套格式和基本规定，下面将扼要介绍 GB/T 18135—2008《电气工程 CAD 制图规则》中常用的有关规定。

4.1.1　电气工程图纸的基本要求

1. 图纸的幅面

图纸的基本幅面

图纸幅面代号由 A 和相应的幅面号组成。基本幅面共有五种：A0 ~ A4，其尺寸关系如图 4-1-1 所示。幅面代号实际上就是对 0 号图纸幅面的对开次数。如 A1 中的 "1"，表示将全张纸（A0 幅面）长边对折裁切一次所得的幅面；A4 中的 "4"，表示将全张纸长边对折裁切四次所得的幅面。

图 4-1-1　基本幅面的尺寸关系

图纸的加长幅面

必要时，也允许选用加长幅面，这些加长幅面的尺寸是由基本幅面的短边按整数倍增加后得出的，如图 4-1-2 所示。A0、A1、A2、A3、A4 为优先选用的基本幅面；A3 × 3、A3 × 4、A4 × 3、A4 × 4、A4 × 5 为第二选择的加长幅面；虚线所示为第三选择的加长幅面。

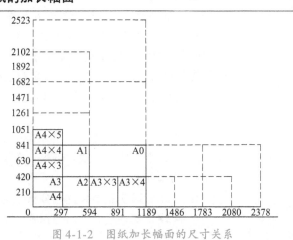

图 4-1-2　图纸加长幅面的尺寸关系

2. 图纸的边框线

图纸的边框线

1）在图纸上必须用粗实线画出图框，其格式分为不留装订线边和留装订线边两种，但同一产品的图样只能选用同一种格式。

2）当图纸张数较少或需要采用其他方法保管而不需要装订时，其图框应按照不留装订边的方式绘制，如图 4-1-3 所示。图纸的四个周边尺寸相同，对于 A0、A1 两种幅面，e 为 20mm；对于 A2、A3、A4 三种幅面，e 为 10mm。

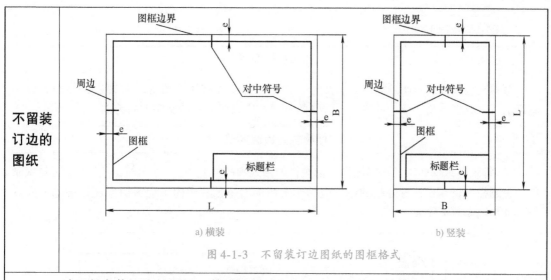

a) 横装　　　　　　　　　　　　　　b) 竖装

图 4-1-3　不留装订边图纸的图框格式

3）对于留有装订边的图纸，其图框格式如图 4-1-4 所示。图中尺寸 a 为 25mm，尺寸 c 分为两类：对于 A0、A1、A2 三种幅面，c 为 10mm；对于 A3、A4 两种幅面，c 为 5mm。在装订成册时，一般 A4 幅面的要竖装，A3 幅面的要横装。

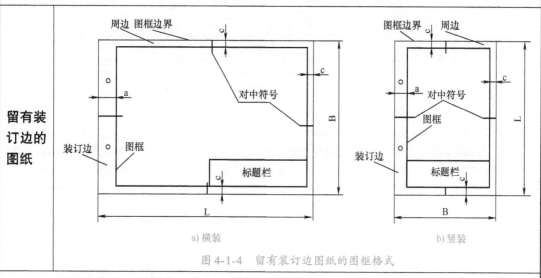

a) 横装　　　　　　　　　　　　　　b) 竖装

图 4-1-4　留有装订边图纸的图框格式

4）图框的线宽。图框分为内框和外框，两者的线宽不同。根据幅面及输出设备的不同，图框的内框线应采用不同的线宽，具体设置见表 4-1-1。各种幅面的外框线均为 0.25mm 宽的粗实线。

表 4-1-1　图框内框线宽

幅面	绘图机类型	
	喷墨绘图机	笔式绘图机
A0、A1 及加长图	1.0mm	0.7mm
A2、A3、A4 及加长图	0.7mm	0.5mm

3. 图纸的标题栏

什么是标题栏

　　标题栏是用来确定图纸的名称、图号、比例、更改和有关人员签署等内容的栏目,位于图纸的下方或右下角。图中的说明、符号的方向均应以标题栏的文字方向为准。

标题栏的绘制要求

　　1)每张图纸都必须画出标题栏。标题栏的格式和尺寸应按 GB/T 10609.1—2008《技术制图　标题栏》的规定。标题栏的位置应位于图纸的右下角,国内工程通用标题栏的基本信息及尺寸如图 4-1-5 所示。

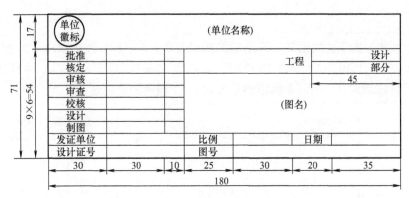

图 4-1-5　通用标题栏基本信息及尺寸

　　2)若标题栏的长边置于水平方向并与图纸的长边平行,则称为 X 型图纸,如图 4-1-6a 所示。若标题栏的长边与图纸的长边垂直,则称为 Y 型图纸,如图 4-1-6b 所示。

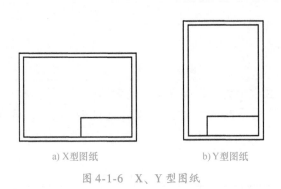

a) X型图纸　　　　　　b) Y型图纸

图 4-1-6　X、Y 型图纸

　　3)为了能够利用预先印刷好的图纸,允许将 X 型图纸的短边置于水平位置使用。

　　4)课程(毕业)设计所用的标题栏可参考图 4-1-7 所示的简化标题栏。

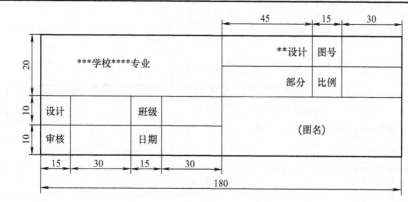

图4-1-7 简化标题栏

ACE_GB 图纸的标题栏

AutoCAD Electrical 2014 国标 A0～A4 图纸的标题栏均采用图4-1-8 所示的标题栏格式，该标题栏一般置于图纸长边的右侧，但A4 图纸一般竖装，标题栏置于短边一侧。

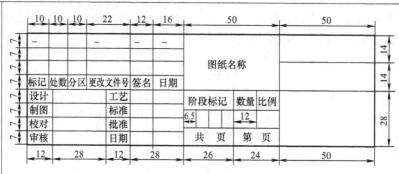

图4-1-8 ACE_GB 图纸的标题栏

4. 图纸的附加符号

对中符号

为了能在图样复制和缩微摄影时准确定位，应在图纸各边的中点处分别画出对中符号。对中符号用粗实线绘制，线宽不小于0.5mm。对中符号应从纸边开始向内延伸，并伸入图框内部，距图框约5mm处，如图4-1-9a所示。对中符号的位置误差应不大于0.5mm。当对中符号处于标题栏范围内时，则伸入标题栏部分省略不画，如图4-1-9b所示。

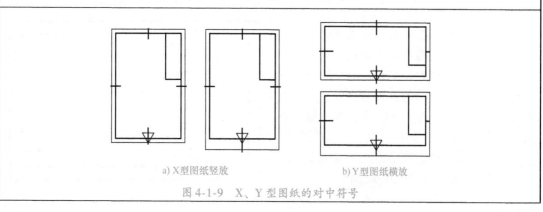

a) X型图纸竖放　　　　b) Y型图纸横放

图4-1-9 X、Y 型图纸的对中符号

方向符号	
使用预先印制的图纸时，为了明确绘图与看图时的图纸方向，应在图纸相对应的对中符号处画出一个方向符号。方向符号是用细实线绘制的等边三角形，其大小和所处的位置如图4-1-10所示。	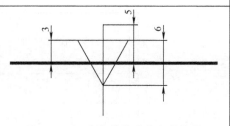 图4-1-10　方向符号的大小和位置

剪切符号

在复制图样时，为了方便自动剪切，可在图纸（如供复制用的底图）的四个角上分别绘出剪切符号。

剪切符号可采用直角边长为10mm的黑色等腰直角三角形，如图4-1-11a所示。当使用这种符号对某些自动切纸机不合适时，可以将剪切符号画成两条粗实线，线段宽为2mm，线长为10mm，如图4-1-11b所示。

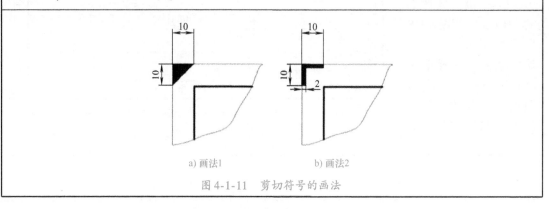

a) 画法1　　　　　　b) 画法2

图4-1-11　剪切符号的画法

5. 图纸的分区

图纸的分区

为了确定图中内容的位置及其他用途，往往需要将一些幅面较大的内容复杂的电气工程图进行分区。

图幅的分区方法	等分图纸横向和竖向两边框，竖边方向用大写拉丁字母编号，横边方向用阿拉伯数字编号，编号的顺序应从标题栏相对的左上角开始，分区数应为偶数。每一分区的长度一般应不小于25mm，不大于75mm，对分区中符号应以粗实线给出，其线宽不宜小于0.5mm，如图4-1-12所示。	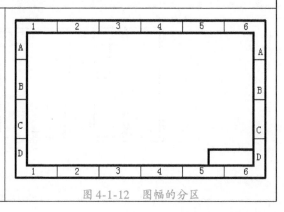 图4-1-12　图幅的分区

图纸分区后，相当于在图纸上建立了一个坐标。电气工程图上的元件和连接线的位置可由此"坐标"而唯一地确定下来。

在图纸中标注分区代号时，如分区代号由拉丁字母和阿拉伯数字组合而成，应数字在前、字母在后并排的书写，如 3 - B、5 - C 等。当分区代号与图形名称同时标注时，则分区代号写在图形名称的后边，中间空出一个字母的宽度。

4.1.2　绘制图样的其他要求

1. 比例

比例的概念
图中图形与其实物相应要素的线性尺寸之比，称为比例。 原值比例：比值为 1 的比例，即 1:1。 放大比例：比值大于 1 的比例，如 2:1 等。 缩小比例：比值小于 1 的比例，如 1:2 等。
比例的种类
电气工程图中的布置图、安装图最好能按比例绘制。绘制图样时，应优先选择表 4-1-2 中的优先使用比例，必要时也允许从表 4-1-2 中允许使用比例中选取。

表 4-1-2　绘图的比例

种类		比例（注：n 为正整数）
原值比例		1:1
放大比例	优先使用	$5:1$　$2:1$　$5 \times 10^n:1$　$2 \times 10^n:1$　$1 \times 10^n:1$
	允许使用	$4:1$　$2.5:1$　$4 \times 10^n:1$　$2.5 \times 10n:1$
缩小比例	优先使用	$1:2$　$1:5$　$1:10$　$1:2 \times 10^n$　$1:5 \times 10^n$　$1:1 \times 10^n$
	允许使用	$1:1.5$　$1:2.5$　$1:3$　$1:4$　$1:6$ $1:1.5 \times 10^n$　$1:2.5 \times 10^n$　$1:3 \times 10^n$　$1:4 \times 10^n$　$1:6 \times 10^n$

比例的标注方法
1）比例符号应以":"表示，其标注方法如 1:1、1:500、20:1 等。 2）比例一般应填写在标题栏中的相应位置（即比例栏处）。
比例的特殊情况
当图形中孔的直径或薄片的厚度小于或等于 2mm 以及斜度和锥度较小时，可不按比例而夸大画出。
采用一定比例绘制的图形的尺寸标注
不论采用何种比例，图样中所标注的尺寸数值都必须是实物的实际大小，与图形尺寸无关。

2. 字体

书写方法
图样中书写的汉字、字母和数字，都必须做到"字体工整、笔画清楚、间隔均匀、排列整齐"，且图样中字体取向（边框内图示的实际设备的标记或标识除外）采用从文件底部和从右面两个方向来读图的原则。

字体的选择
汉字字体应为仿宋简体，拉丁字母、数字字体应为 romans.shx（罗马体），希腊字母字体为 greeks.shx。图样及表格中的文字通常采用直体字书写，也可写成斜体，斜体字字头向右倾斜，与水平基准线成75°。

字号
常用的字号共有 20、14、10、7、5、3.5、2.5 七种（单位为 mm），字体的号数就是字体的高度。汉字的高度 h 不应小于 3.5mm，数字、字母的高度 h 不应小于 2.5mm；字宽一般为字高 h 的 0.707 倍，如需要书写更大的字，其字体高度应按 1.414 倍的比率递增。表示指数、分数、极限偏差、注脚等的数字和字母，应采用小一号的字体。 　　不同情况下的字符高度见表 4-1-3 和表 4-1-4。 表 4-1-3　最小字符高度（mm） 表 4-1-4　图样中各种文本尺寸（mm）

表 4-1-3　最小字符高度（mm）

字符高度	图幅				
	A0	A1	A2	A3	A4
汉字	5	5	3.5	3.5	3.5
数字和字母	3.5	3.5	2.5	2.5	2.5

表 4-1-4　图样中各种文本尺寸（mm）

文本类型	中文		字母或数字	
	字高	字宽	字高	字宽
标题栏图名	7~10	5~7	5~7	3.5~5
图形图名	7	5	5	3.5
说明抬头	7	5	5	3.5
说明条文	5	3.5	3.5	2.5
图形文字标注	5	3.5	3.5	2.5
图号和日期	5	3.5	3.5	2.5

3. 图线

图线、线素、线段的定义
1）图线：起点和终点间以任意方式连接的一种几何图形，形状可以是直线或曲线、连续线或不连续线。

2）线素：不连续线的独立部分，如点和间隔等。

3）线段：一个或一个以上不同线素组成一段连续的或不连续的图线，如实线的线段等。

图线的样式

GB/T 17450—1998 中规定有 15 种基本线型，见表 4-1-5。除此之外，还可以对基本线型进行变化，例如可将 1 号线型变化为规则波浪连续线、规则螺旋连续线、规则锯齿连续线和波浪线等。1 号基本线型的变化样例见表 4-1-6。

表 4-1-5　GB/T 17450—1998 中规定的 15 种基本线型

序号	线型	名称
1	————————————	实线
2	— — — — — — —	虚线
3	— — — — —	间隔画线
4	—·—·—·—·—·—	点画线
5	—··—··—··—··	双点画线
6	—···—···—···	三点画线
7	··············	点线
8	—–—–—–—–—–	长画短画线
9	—––—––—––—––	长画双短画线
10	—·—·—·—·—·—	画点线
11	——·——·——·——	双画单点线
12	—··—··—··—··	画双点线
13	——··——··——	双画双点线
14	—···—···—···	画三点线
15	——···——···——	双画三点线

表 4-1-6　基本线型的变形

基本线型的变形	名称
∿∿∿∿∿	规则波浪连续线
◠◠◠◠◠	规则螺旋连续线
∧∧∧∧∧	规则锯齿连续线
～～～～	波浪线

图线的宽度

所有线型的图线宽度均应按图样的类型和尺寸大小在 0.13mm、0.18mm、0.25mm、0.35mm、0.5mm、0.7mm、1mm、1.4mm、2mm 中选择，该系列的公比为 0.707。粗线、中粗线和细线的宽度比率为 4:2:1。在同一图样中，表达同一结构的线宽应一致。

图线的画法

1）间隙。除非另有规定，两条平行线之间的最小间隙不得小于0.7mm。

2）相交。

① 类型：基本线型代码为02~06和代码为08~15的线应恰当地相交于画线处，如图4-1-13a~c所示；代码为07的线应准确地相交于点上，如图4-1-13d所示。

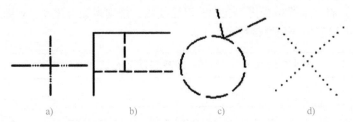

图4-1-13　几种基本线型相交绘制方法

② 第二条图线的位置：绘制两条平行线的两种方法，如图4-1-14所示。推荐采用如图4-1-14a所示的画法（第二条线均画在第一条线的右下边）。

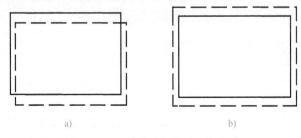

图4-1-14　绘制平行线的两种方法

3）圆的中心线画法。圆的中心线画法如图4-1-15所示。中心线超出轮廓线的长度一般习惯规定为3~5mm，且同一图中应基本一致。

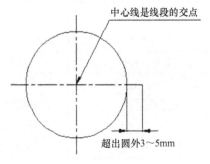

图4-1-15　圆的中心线画法

4. 尺寸标注

尺寸标注

在图样中，图形表示机件的形状，尺寸表示机件的大小。因此，标注尺寸应该严格遵守国家标准的有关规定。

尺寸标注的要求

1）机件的真实大小应以图样上所标注的尺寸为依据，与图形大小及绘图的准确度无关。

2）当图样中标注的尺寸（包括技术要求和其他说明中的）以 mm 为单位时，不需要标注计量单位的代号或名称；当采用其他单位标注尺寸时，则必须注明相应的计量单位的代号或名称。

3）图样中所标注的尺寸应为该图样所示机件最后完工时的尺寸，否则应另加说明。

4）机件的每一尺寸一般只标注一次，并应标注在最能够反映该结构的部位上。

4.1.3　电气制图的表示法

1. 电路的多线表示法和单线表示法

电路的多线表示法和单线表示法		
多线表示法：每根连接线或导线各用一条图线表示的方法。 特点：能详细地表达各相或各线的内容，尤其在各相或各线内容不对称的情况下采用。	单线表示法：两根或两根以上的连接线或导线，只用一条线表示的方法。 特点：适用于三相或多线基本对称的情况。	混合表示法：一部分用单线，一部分用多线。 特点：兼有单线表示法简洁精炼的特点，又兼有多线表示法对描述对象精确、充分的优点，并且由于两种表示法并存，表达更灵活。

2. 电气简图中元件的表示法

元件中各功能部分的表示方法

1）集中表示法。这是一种把一个复合符号的各部分列在一起的表示法，如图 4-1-16a 所示。为了能表明不同的部件属于同一个元件，每一个元件的不同部件都集中画在一起，然后用虚线将它们连接起来。这种方法的优点是能够让人快速、清晰地了解到电气工程图中任一元件的所有部件。但与半集中表示法和分开表示法相比，这种表示法不容易使人理解电路的功能原理。因此在绘制以表示功能为主的电气工程图时，除非原理很简单，否则很少采用集中表示法。

2）半集中表示法。这是一种把同一个元件不同部件的符号（通常用于具有机械的、液压的、气动的、光学的等方面功能联系的元件）在图上展开的表示方法，如图4-1-16b 所示。它通过虚线把具有以上联系的各元件或属于同一元件的各部件连接起来，以清晰表示电路布局。这种画法的优点是易于理解电路的功能原理，而且也能通过虚线清楚地找到电气工程图中任何一个元件的所有部件。但和分开表示法相比，这种表示法不宜用于很复杂的电气工程图。

3）分开表示法。如图 4-1-16c 所示，为了使设备和装置的电路布局清晰，易于识别，把一个项目中某些部分的图形符号在简图上分开布置，并仅用项目代号表示它们之间关系的方法。分开表示法与采用集中表示法或半集中表示法的图给出的信息要求等量。

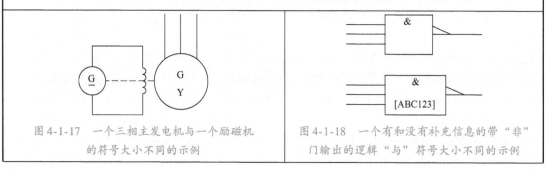

a) 集中表示法　　　　　　　b) 半集中表示法

c) 分开表示法

图 4-1-16　元件中功能相关部分集中、半集中和分开表示法

3. 电气简图图形符号

电气简图图形符号
1）图形符号标准。目前，我国采用的电气简图用图形符号标准为 GB/T 4728—2008 ~ 2018《电气简图用图形符号》。该标准由 13 个部分组成，包括符号形式、内容、数量等，且全部与 IEC 相同，为我国电气工程技术与国际接轨奠定了一定基础。
2）符号的选择。GB/T 4728—2008 ~ 2018《电气简图用图形符号》标准对同一对象的图形符号有的示出"推荐形式""优选形式"和"其他形式"等，有的示出"形式 1""形式 2"和"形式 3"等，有的示出"简化形式"，有的在"说明及应用"栏内注明"一般符号"。 　　一般来说，符号形式可任意选用，当同样能够满足使用要求时，最好用"推荐形式""优选形式"或"简化形式"。但无论选用了哪种形式，对一套图中的同一个对象，都要用同一种形式；表示同一含义时，只能选用同一个符号。
3）图形符号的大小。在使用图形符号时，应保持标准中给出的符号的一般形状，并应尽可能保持相应的比例。但为了与平面图或电网图的比例相适应，标准中规定：GB/T 4728.11—2008 中用于安装平面图、简图或电网图的符号允许按比例放大或缩小。 　　在同一张电气工程图样中只能选用一种比例的图形形式，但为了适应不同图样或用途的要求，可以改变彼此有关符号的尺寸，如电力变压器和测量用互感器就经常采用不同大小的符号。出现下列情况的，可采用大小不等符号画法：①为了增加输入或输出线数量。②为了便于补充信息。③为了强调某些方面。④为了把符号作为限定符号来使用。如图 4-1-17 所示，发电机组的励磁机的符号小于主发电机的符号，以便表明其辅助功能。如图 4-1-18 所示，具有"非"输出的逻辑"与"元件的符号被放大了，以便填入补充信息。

图 4-1-17　一个三相主发电机与一个励磁机　　　图 4-1-18　一个有和没有补充信息的带"非"
的符号大小不同的示例　　　　　　　　门输出的逻辑"与"符号大小不同的示例

4）符号的取向。为了满足流动方向、绘制符号的方便以及阅读方向不同的要求，可根据需要调整标准图形符号的取向。通常可按 90°倍数进行图形符号的旋转，按照此方法旋转可获得 4 种符号取向。也可先经镜像再将图形符号进行 90°旋转，按照此方法旋转可获得 8 种符号取向。但有时为了使读者读图方便，可将符号旋转 45°，如图 4-1-19 所示。无论图形符号取向如何，都认为是相同的符号。对于辐射符号，当相关符号旋转时，其辐射符号方向应保持不变。

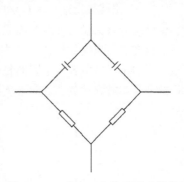

图 4-1-19　按 45°旋转的图形符号

对于方框形符号、二进制逻辑元件符号以及模拟元件符号，包括文字、限定符号、图形或输入/输出标记等，由于改变符号取向后，其方向也会改变，所以当从图的底边或右边看图时，必须能够识别。

5）符号的组合。假如想要的符号在标准中找不到，则可按照 GB/T 4728—2008～2018 中给出的原则，从标准符号中选取相应的符号，组合出一个新的符号。图 4-1-20 给出了一个过电压继电器组合符号组成的示例。

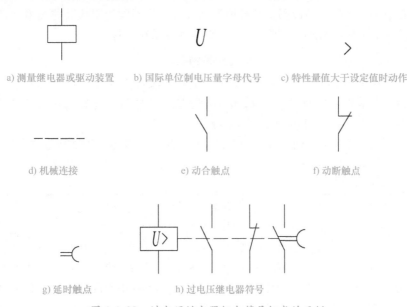

图 4-1-20　过电压继电器组合符号组成的示例

对 GB/T 4728—2008～2018 范围之外的项目，应贯彻相应的图形符号标准。如果需要的符号未被标准化，则所用的符号必须在图上或支持文件中用注释加以说明。

6）端子的表示法。在 GB/T 4728—2008～2018 中，多数符号未表示出端子符号，一般不需要将端子、电刷等符号加到元件符号上。在某些特殊情况下，如端子符号是符号的一部分时，则必须画出。

7) 引出线表示法。在 GB/T 4728—2008 ~ 2018 中，元件和器件符号一般都包含有引出线。在保证符号含义没有改变的前提下，引出线在符号中的位置是允许改变的。如图 4-1-21 所示，虽然改变了引出线的位置，但并未影响符号的含义，此种改变是被允许的；如图 4-1-22 所示，改变了引出线的位置，电阻的符号变成了继电器线圈符号，图形符号的含义发生了改变，此种改变是不被允许的，此时必须按 GB/T 4728—2008 ~ 2018 中的规定来画引出线。

| 图 4-1-21 改变引线方向的扬声器 | 图 4-1-22 改变引线方向的电阻器 |

4. 项目代号和端子代号

项目代号的定义

在图上通常用一个图形符号表示基本件、部件、组件、功能单元、设备、系统等，这些均称为项目。例如电容器、端子板、发电机、电源装置、电力系统等都可称为项目。

项目代号是用以识别图、表图、表格中和设备上的项目种类，并提供项目的层次关系、实际位置等信息的一种特定的代码。通过项目代号可以将不同的图或其他技术文件上的项目（软件）与实际设备中的该项目（硬件）一一对应和联系在一起。

项目代号的组成

项目代号是用来识别项目的特定代码，一个完整的项目代号由 4 个代号段组成，分别是：①种类代号段，其前缀符号为 " - "。②高层代号段，其前缀符号为 " = "。③位置代号段，其前缀符号为 " + "。④端子代号段，其前缀符号为 ":"。

一个项目可由一个代号段组成（较简单的电气工程图只需标注种类代号或高层代号），也可由几个代号段组成。例如：S1 系统中的开关 Q4，在 H84 位置中，其中的 A 号端子，可标记为 " + H84 = S1 - Q4：A"。

| 种类代号是用以识别项目种类的代号。种类代号是项目代号的核心部分。种类代号一般是由字母代码和数字组成，其中的字母代码必须是标准中规定的文字符号，例如 - K1 表示第 1 个继电器 K，- QS3 表示第 3 个隔离开关 QS。 | 高层代号指系统或设备中任何较高层次（对给予代号的项目而言）项目的代号。例如，某电力系统 S 中的一个变电所，则电力系统 S 的代号可称为高层代号，记作 " = S"，所以高层代号具有 "总代号" 的含义。高层代号可用任意选定的字符、数字表示，如 = S、= 1 等。当高层代号与种类代号需要同时标注时，通常将高层代号标在前面，种类代号标在后面，例如：1 号变电所的开关 Q2，则标记为 " = 1 - Q2"。 | 位置代号是指项目在组件、设备、系统或建筑物中的实际位置的代号。位置代号一般由自行选定的字符或数字来表示。如果需要，应给出相应的项目位置的示意图。例如：105 室 B 列机柜第 3 号机柜的位置代号可表示为 + 105 + B + 3。 | 端子代号是指用以同外电路进行电气连接的元件的导电件的代号。端子代号通常用数字或大写字母来表示。例如：端子板 X 的 5 号端子，可标记为 " - X：5"；继电器 K4 的 B 号端子，可标记为 " - K4：B"。 |

项目代号的位置和取向

每个表示元件或其组成部分的符号都必须标注其项目代号。一套文件中所有代号（包括项目代号和端子代号）应该保持一致。项目代号应标注在符号的旁边，如果符号有水平连接线，应标注在符号上面，如果符号有垂直连接线，应标注在符号左边，如图4-1-23所示。如果需要，可把项目代号标注在符号轮廓线里面。表示在同一张图上的所有或多数元件项目代号的公用部分仅需写在标题栏中。项目代号的书写应尽可能为水平方向。

=W1–A1K1+SA1D1

13	14
23	24
33	34

=W1
–A1K1
+SA1D1

13 23 33

14 24 34

图 4-1-23　项目和端子代号的位置和取向

端子代号的位置和取向

端子代号应靠近端子，最好标在水平连接线的上边或垂直连接线的左边，端子代号的取向应与连接线的方向保持一致，如图4-1-23所示。元件或装置的端子代号应放置于该元件或装置轮廓线和围框线的外边；而一个单元内部元件的端子代号应标注在该单元轮廓线或围框线的里边。

子学习情境 4.2　项目创建与编辑

情境导入

工作任务单

情　　境	学习情境4　电气工程图的构建					
任务概况	**任务名称**	项目创建与编辑	**日期**	**班级**	**学习小组**	**负责人**
	组员					

任务载体和资讯：

载体：AutoCAD Electrical 软件。

资讯：

1. 项目创建与编辑。（重点）

① 创建 AutoCAD Electrical 项目。
②"项目特性"对话框。③怎样激活、关闭、打开及删除项目。

任务载体和资讯		2. 图形的创建与编辑。（重点） ①创建新图形。②"图形特性"对话框。③怎样引用、关闭、删除及排序现有图形。 3. 项目描述及标题栏。 ①修改项目描述标签。②填写标题栏。 4. 项目文件。
任务目标	1. 掌握项目及图形的创建与编辑。 2. 掌握图样标题栏的填写方法。	
任务要求	**前期准备：** 小组分工合作，通过网络收集有关 ACE 项目及图形的创建资料。 **上机实验要求：** 1. 实验前必须按教师要求进行预习，并写出实验预习报告，无预习报告者不得进行实验；按照教师布置的实验要求、任务进行实验操作，实验过程中发现问题应举手请教师或实验管理人员解答。 2. 按要求及时整理实验数据，撰写实验报告，完成后统一交给教师批改。 **任务成果：** 一份完整的实验报告。 **实验报告要求：** 实验报告是实验工作的全面总结，要用简明的形式将实验结果完整和真实地表达出来。因此，实验报告质量的好坏将体现学生的理解能力和动手能力。 1. 要符合"实验报告"的基本格式要求。 2. 要注明：实验日期、班级、学号。 3. 要写明：实验目的、实验原理、实验内容及步骤。 4. 要求：对实验结果进行分析、总结，书写实验的收获体会、意见和建议。 5. 要求：文理通顺、简明扼要、字迹端正、图表清晰、结论正确、分析合理、讨论力求深入。	

AutoCAD Electrical 是一个基于项目的系统。每个项目都由扩展名为".wdp"的 ASCII 文本文件进行定义。此项目文件包含项目信息、默认项目设置、图形特性和图形文件名的列表。您可以拥有任意数量的项目，但每次只能激活一个项目。

4.2.1 创建与编辑项目

使用项目管理器可以添加新的图形、对图形文件重新排序以及更改项目设置，但不能在项目管理器中打开两个具有相同项目名称的项目。默认情况下，项目管理器处于打开状态，位于屏幕的左侧，也可以将项目管理器固定在屏幕上特定的位置，或者将其隐藏。在"特性"图标上右击，可显示用于执行移动、调整大小、关闭、固定、隐藏操作或为项目管理器设置透明度的选项。

1. 创建 AutoCAD Electrical 项目

打开项目管理器
如果项目管理器未显示在屏幕上，则可按照如下操作打开项目管理器： "项目"选项卡 → "项目工具"功能面板 → "管理器"图标。 

新建项目	
在项目管理器中，单击"新建项目"图标。	在项目管理器底部的空白处右击并选择"新建项目"命令，或者单击"项目选择"菜单中的箭头并选择"新建项目"命令。
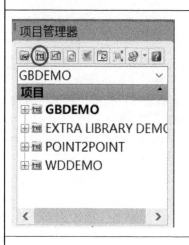	 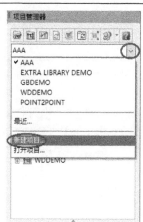

填写"创建新项目"对话框
单击"新建项目"图标后，会自动弹出"创建新项目"对话框，如图4-2-1所示。 

图4-2-1 "创建新项目"对话框

这时可在名称一栏中填写项目名称，如 AEGS。然后单击"位置代号"右侧的"浏览..."按钮，在弹出菜单中选择新建项目的存放路径，选择好存放路径后，该路径会在"位置代号"文本框中显示出来。

注意：不要忘了勾选"使用项目名创建文件夹"选项，若没有勾选此项，将不会创建文件夹，而是创建项目管理文件"＊.wdp"。

要确保已在"从以下项目文件中复制设置"中指定 wddemo.wdp，这样就把图样"wddemo.wdp"的绘制风格引入了新建项目。

完成"项目的创建"

在"创建新项目"对话框中单击"确定"按钮，即可完成项目的创建，这时在"项目管理器"窗口中将会看到新建的项目 AEGS。 新建的项目均处于激活状态，所以该项目名称以粗体字的形式显示。	

2．"项目特性"对话框

打开"项目特性"对话框

1）在"创建新项目"对话框中单击"确定–特性..."按钮将显示"项目特性"对话框。

2）也可在"项目管理器"中，右击处于激活状态的某项目名称，然后在弹出的下拉列表中选择"特性"，也可打开"项目特性"对话框，如图 4-2-2 所示。

打开的"项目特性"对话框如图 4-2-3 所示。

图 4-2-2　打开"项目特性"对话框

图 4-2-3　"项目特性"对话框

	"项目设置"选项卡
库 和 图 标 菜单路径	1）库包括原理图库和面板图库，其中原理图库包含原理图符号库、气动符号库、液压符号库以及 PID 符号库，原理图符号库是基本的电气原理图符号库，PID 符号库是典型过程控制设备符号库；面板图库是常用电气实物示意图库。 　　2）图标菜单文件包括原理图图标菜单文件 ACE_GB_MENU. DAT 和面板图图标菜单文件 ACE_PANEL_MENU_GB. DAT，这两个文件是在原理图库和面板图库中查找某对象的菜单文件。 　　3）原理图库和面板图库的引用路径一般为：C：/Users/Public/Documents/Autodesk/AcadE 2014/libs/… 　　4）单击"添加""浏览"和"删除"等按钮可设置原理图库和面板图库的引用路径，如果设置错误，则应用原理图图标菜单或面板图图标菜单查找某对象时会提示出错。
目 录 查 找 文 件 首 选 项	（1）使用元件专用的表格 　　按照目录表格查找元件名称。如果未找到元件表格，则在所属种类名表格中搜索。如果两个表格都没有找到，则要使用"目录查找文件"对话框创建一个元件或所属种类表，或者选择不同的表格。 　　（2）始终使用 MISC_CAT 表格 　　仅搜索 MISC_CAT 表格。如果没有在 MISC_CAT 表格中发现目录号，则可以搜索其他元件表格。 　　（3）仅当元件专用的表格不存在时才使用 MISC_CAT 表格 　　如果没有在目录数据库中发现元件或种类表格，则使用 MISC_CAT 表格。 　　（4）其他文件 　　由用户自己定义辅助目录来查找文件。
选项	（1）实时错误检查 　　对项目执行实时错误检查，以确定项目内是否发生线号或元件标记重复。 　　无论是否选择"实时错误检查"选项，系统都会为每个项目创建一个错误日志文件。实时错误检查将保存在名为" < project_name > _error. log"的日志文件中，并保存在 User 子目录下。如果日志文件已存在，新内容将添加到此文件中。错误记录之间由空白行分隔开。 　　（2）标记/线号排序次序 　　设置项目的默认导线编号和元件标记排序次序。 　　（3）Electrical 代号标准 　　设置回路编译器使用的 Electrical 代号标准。这将会把三个字符的后缀代号保存到 . wdp 项目文件中。
	"元件"选项卡

此选项卡可用于：
- 指定创建新元件标记的方式。
- 在连续标记和基于线参考的标记之间切换。

- 设置元件标记选项，例如在报告中使用组合的安装代号/位置代号标记或不显示安装代号/位置代号标记。
- 显示大写的描述文字。

"线号"选项卡
此选项卡可用于： • 设置线号格式。 • 在连续线号和基于线参考的线号之间切换。 • 设置线号选项，例如隐藏的编号、排除的编号或逐条导线的显示编号。 • 设置线号图层选项。 • 定义线号放置位置：导线上、导线下或导线内。 • 定义线号引线。
"交互参考"选项卡
此选项卡可用于： • 定义交互参考注释格式。 • 设置交互参考选项，例如不显示安装代号/位置代号，或在图形之间使用实时信号和触点交互参考。 • 设置元件交互参考显示：文字、图形或表格，还可以从此对话框更改显示格式设置。
"样式"选项卡
此选项卡可用于： • 更改箭头、PLC、串联输入/输出标记和布线的默认样式。 • 在图层列表中添加或删除图层。
"图形格式"选项卡
此选项卡可用于： • 设置在图形上插入的所有新阶梯的默认方向、间距和宽度值。 • 指定格式参考样式：X-Y栅格、X区域或参考号。 • 设置在图形上插入新元件或线号时所使用的缩放比例。 • 设置标记/线号排序次序。 • 定义和管理导线与元件图层。

3. 激活、关闭、打开及删除项目

激活项目	关闭项目
右击"项目管理器"中的项目名称，然后选择"激活"命令，即可激活该项目。 **注意**：只有在被激活的项目中，才能新建图样、更新标题栏及生成新的图样清单报告。	右击"项目管理器"中的项目名称，然后选择"关闭"命令，即可关闭该项目。

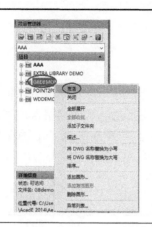

打开项目

在"项目管理器"中，单击"打开项目"图标，接着在弹出的"选择项目文件"对话框中，浏览到目标项目文件夹后选择"＊.WDP"文件即可打开项目。

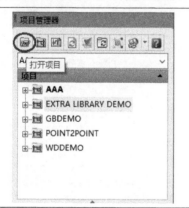

关闭项目

在"项目"选项卡的"项目工具"功能面板中，单击"删除"图标，然后在弹出的"选择要删除的现有项目"对话框中查找并选择"＊.wdp"项目文件，单击"打开"按钮，接着在弹出的对话框中勾选"删除 wdp 项目列表文件"或"删除项目的 AutoCAD 图形文件"即可。

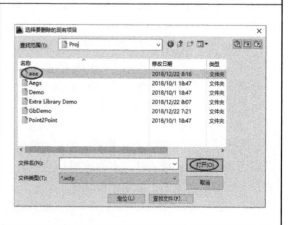

4.2.2 图形的创建与编辑

一个项目文件可以包含位于许多不同目录中的图形，当然一个项目中也可以包含任意数量的图形，可以随时向项目中添加或创建新图形，创建新图形后，该图形将自动添加到激活项目中。AutoCAD Electrical 使用的许多图形设置都被存储于名为 WD_M. dwg 的图形智能块中。每个 AutoCAD Electrical 图形只包含一个 WD_M 块副本，如果存在多个 WD_M 块，则设置的存储和读取可能不一致。

1. 创建新图形

创建新图形
1) 首先按照前述方法打开"项目管理器"："项目"选项卡→"项目工具"功能面板→"管理器"图标。 2) 然后在"项目管理器"中，单击"新建图形"图标；或者也可以右击项目名，在下拉菜单中单击"新建图形"命令。 3) 完成前两个步骤后，将自动弹出"创建新图形"对话框。 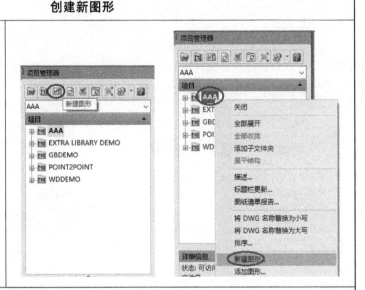

填写"创建新图形"对话框
1) 在"创建新图形"对话框中指定图形名称，如 001，如图 4-2-4 所示。 2) 单击"模板"文本框旁边的"浏览"按钮，可指定要用于创建新图形文件的 AutoCAD Electrical 模板图形".dwt"的路径和文件名，如图 4-2-5 所示。一般路径为：C：\ Users \ 计算机名 \ AppData \ Local \ Autodesk \ AutoCAD Electrical 2014 \ R19.0 \ chs \ Template \ … ① 在图形模板集中，我国的国标图形文件模板分别为：ACE_GB_a0.dwt、ACE_GB_a1.dwt、ACE_GB_a2.dwt、ACE_GB_a3.dwt、ACE_GB_a4.dwt，这 5 个模板分别对应 0 号 ~ 4 号图纸。另外的图形模板 ACE_GB_a0_a.dwt、ACE_GB_a1_a.dwt、ACE_GB_a2_a.dwt、ACE_GB_a3_a.dwt、ACE_GB_a4_a.dwt 分别为带有装订线的 0 号 ~ 4 号图纸模板。 ② 如果"模板"文本框为空，系统将使用默认的"ACAD.dwt"图形模板。 ③ 用户可以创建自己的模板，也可以将任何图形用作模板，还可以在完成过程的任意阶段将图形保存为模板文件。将图形用作模板时，该图形中的设置即被用在新图形中。基于模板图形所做的更改不会影响模板文件。 3) 在描述 1、描述 2 和描述 3 中，用户可以填写针对图形的简单说明（也可不填）。

4）在"IEC–样式指示器"选项组中指定"项目代号（通配符为%P）""安装代号（通配符为%I）"和"位置代号（通配符为%L）"字段。插入元件时，如果安装代号和/或位置代号的值为空时，将使用默认值。

注意：通配符就好比数学当中的未知数 x，在不同的情况下，会有不同的取值。

5）在"页码值"选项组中指定"页码编号值（通配符为%S）""图形编号值（通配符为%D）""图形文件的分区值（通配符为%A）"和"图形文件的子分区值（通配符为%B）"。

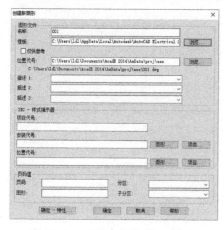

图 4-2-4　"创建新图形"对话框

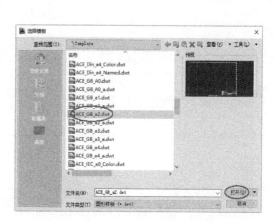

图 4-2-5　"选择模板"对话框

完成"创建新图形"

在"创建新图形"对话框中单击"确定"按钮，并在弹出的菜单中选择"将项目默认值应用到图形设置"即可完成项目的创建，这时在"项目管理器"窗口的激活项目中，会看到新建的图样"001.dwg"。

注意：若新建图形处于打开状态，则该图形名称将以粗体字的形式显示。

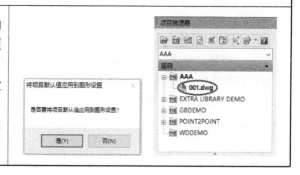

2. "图形特性"对话框

打开"图形特性"对话框

1）在"创建新图形"对话框中，单击"确定–特性..."可打开"图形特性"对话框。

2）如图 4-2-6 所示，也可在"项目管理器"中右击图形名称，然后在弹出的下拉列表中选择"特性→图形特性"命令，即可打开"图形特性"对话框。

"图形特性"对话框中的选项卡与"项目特性"对话框中的选项卡类似，如图 4-2-7 所示，但"图形特性"对话框能够定义保留在图形的 WD_M 块中的特定于图形的设置（即可设置不同于项目特性的特性）。

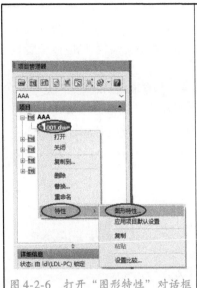

图 4-2-6　打开"图形特性"对话框

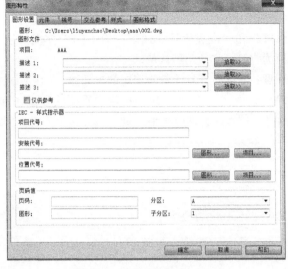

图 4-2-7　"图形特性"对话框

"图形设置"选项卡
同"创建新图形"对话框。
"元件""线号""交互参考""样式"以及"图形格式"选项卡
同"项目特性"对话框。

3. 引用、关闭、删除及排序现有图形

引用图形
在"项目管理器"中的项目名称上右击,接着选择"添加图形…"命令,然后在新弹出的对话框中找到要添加的图形即可。 　**注意**:新添加图形的存储位置并没有改变,需手动将其拉入项目文件夹内。

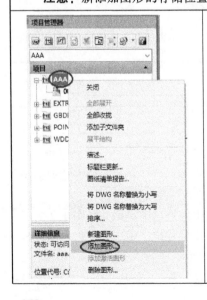

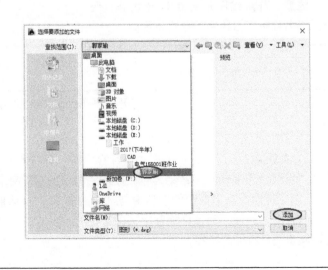

关闭图形	删除图形
在"项目管理器"中的图形名称上右击,然后选择"关闭",即可关闭图形。 也可在绘图区的右上角单击 ⊠,以关闭当前图形。	在"项目管理器"中的图形名称上右击,然后选择"删除",即可删除图形,但是该图形依然存在,只不过不再收录于"项目管理器"之中。
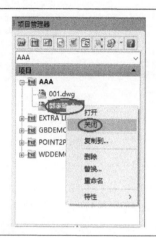	

排序图形
在"项目管理器"中的项目名称上右击,然后在下拉列表中选择"排序",这时将弹出"排序字段"对话框。  选择好每个层次的排序方式后,单击"确定"按钮。

4.2.3 项目描述及标题栏

1. 修改项目描述标签

打开"项目描述"对话框
在"项目管理器"中的项目名称上右击,然后在下拉列表中选择"描述"命令,这时将弹出"项目描述"对话框。 新建项目的项目描述是空白的,而且描述的标签均显示通用标签,如行号 1 和行号 2 等。

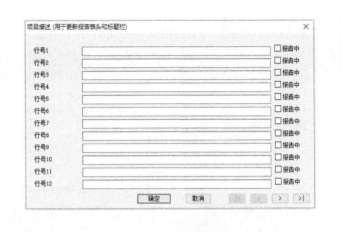

修改项目描述标签

AutoCAD Electrical 在项目描述对话框中默认显示通用标签，如行号1、行号2、⋯用户可以更改这些标签，使它们与标题栏上的栏目名称相一致，例如，可以将项目描述中的默认通用标签"行号1"链接至标题栏上的"设计"，这样当 AutoCAD Electrical 显示与标题栏相关的对话框时，将会显示有意义的标签"设计"而不是"行号1"。

使用具有 wdl 扩展名的文本文件可以将项目通用标签改为有实际含义的标签，具体做法如下：

1）在项目文件夹下新建一个"＊.txt"文本文件，然后依据标题栏中的条目依次输入的文本行如下：	2）在项目文件夹中将该文本文件"＊.txt"另存为"项目名_WDTITLE.wdl"。之后，当再次打开该项目的项目描述后，就会看到设置效果。
LINE1 = 设计	
LINE2 = 制图	
LINE3 = 校对	
LINE4 = 审核	
LINE5 = 工艺	
LINE6 = 标准	
LINE7 = 批准	
LINE8 = 日期	
LINE9 = 数量	
LINE10 = 比例	
LINE11 = 更改标记 1	

2. 填写标题栏

打开"项目描述"对话框
1）打开"项目描述"对话框。
2）依据标题栏中要填写的内容，在项目描述对话框中填写信息（可勾选"报告中"），并单击"确定"按钮。 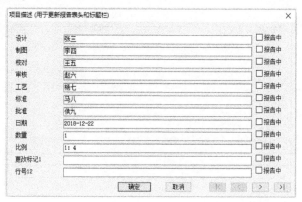
3）再次右击项目名称，然后在下拉列表中选择"标题栏更新"命令，这时软件会自动添加一个特殊的不可见块"WD_M.dwg"，使得图形设置与项目设置相匹配，同时将弹出"更新标题栏"对话框。 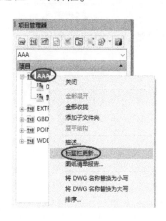 
4）在"更新标题栏"对话框中勾选要更新的项目后，单击"确定仅用于激活图形"或"确定应用于项目范围"，这里的%D是图形编号变量，%S是页码变量。
5）当单击"确定仅用于激活图形"时，仅对当前图形的标题栏进行更新，项目中其他图形的标题栏不更新。
6）当单击"确定应用于项目范围"时，将弹出"选择要处理的图形"对话框，这时可按住Shift键，用鼠标将要进行标题栏更新的图形一一选中，然后依次单击"处理""确定"按钮即可。

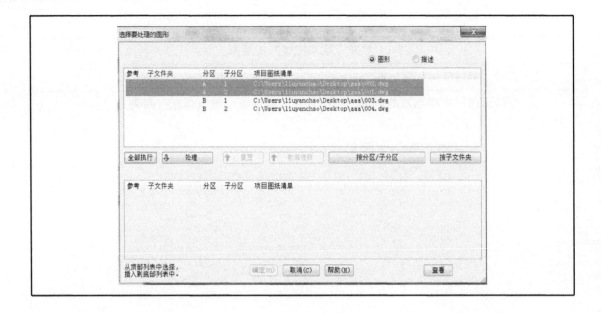

4.2.4 项目文件说明

项目文件
AutoCAD Electrical 是一个基于项目的系统。扩展名为"＊.wdp"的 ASCII 文本可定义每个项目。AutoCAD Electrical 项目文件包含项目信息、默认项目设置、图形特性和图形文件名的列表。 AutoCAD Electrical 有关项目的三个文件分别为： "＊.wdp"：用于存储项目的相关设置及保存位置。 "＊.wdt"：用于存储有关标题栏的设置信息。 "＊_wdtitle.wdl"：用于存储项目描述的相关信息。  复制项目时务必要将这三个文件复制过去。用记事本可将这三个文件打开。

学习情境5

工程图的绘制

知识目标：掌握导线和导线阶梯图的绘制方法；掌握导线的编辑和插入电气元件的方法；熟悉"插入元件"对话框与"插入/编辑元件"对话框。

能力目标：培养学生利用网络资源进行资料收集的能力；培养学生获取、筛选信息和制定工作计划、方案及实施、检查和评价的能力；培养学生独立分析、解决问题的能力；培养学生的团队工作、交流和组织协调的能力与责任心。

素质目标：培养学生养成严谨细致、一丝不苟的工作作风和严格按照国家标准绘图的习惯；培养学生的自信、竞争和效率意识；培养学生爱岗敬业、诚实守信、服务群众和奉献社会等职业道德。

子学习情境 5.1　导线的绘制

工作任务单

情　　境	学习情境5　工程图的绘制				
任务概况	任务名称	导线的绘制	日期	班级	学习小组	负责人
	组员					
任务载体和资讯	![screenshot]		载体：AutoCAD Electrical 软件。 资讯： 1. 有关导线的图形特性设置。（重点） 2. 单导线的绘制方法。（重点） 3. 多母线的绘制方法。（重点） 4. 导线阶梯图的绘制方法。（重点） 5. 导线的编辑。（重点） 6. 更改导线类型。（重点） 7. 插入 T 形标记。				

任务目标	1. 掌握图形对象的选择、编组及移动。 2. 掌握图形对象的旋转、对齐及缩放。 3. 掌握图形对象的拉伸和拉长。
任务要求	**前期准备：**小组分工合作，通过网络收集有关导线的绘制方法。 **上机实验要求：** 1. 实验前必须按教师要求进行预习，并写出实验预习报告，无预习报告者不得进行实验；按照教师布置的实验要求、任务进行实验操作，实验过程中发现问题应举手请教师或实验管理人员解答。 2. 按要求及时整理实验数据，撰写实验报告，完成后统一交给教师批改。 **任务成果：**一份完整的实验报告。 **实验报告要求：**实验报告是实验工作的全面总结，要用简明的形式将实验结果完整和真实地表达出来。因此，实验报告质量的好坏将体现学生的理解能力和动手能力。 1. 要符合"实验报告"的基本格式要求。 2. 要注明：实验日期、班级、学号。 3. 要写明：实验目的、实验原理、实验内容及步骤。 4. 要求：对实验结果进行分析、总结，书写实验的收获体会、意见和建议。 5. 要求：文理通顺、简明扼要、字迹端正、图表清晰、结论正确、分析合理、讨论力求深入。

知识链接

如果将某线条放置在 AutoCAD Electrical 定义的导线图层上，则 AutoCAD Electrical 会将 AutoCAD 线条图元视为导线。AutoCAD Electrical 中可用的导线图层数量是不受限制的。这些导线均标有线号，并且会显示在各种接线报告中。

如果一条导线段的末端接触到另一条导线段的任何部位或在其较小的捕获距离内，AutoCAD Electrical 则认为这两条导线段相连。这种连接可以出现在这一导线段的末端，也可以出现在另一导线段上的任何位置处。

如果导线段的末端落在元件接线点属性的捕获距离范围内，则 AutoCAD Electrical 认为导线与元件相连。

新导线段的导线图层由以下因素决定：

◇ 如果导线段开始或结束于空白区域，或者开始并结束于元件的接线点，则这些导线段将会被放置在当前图层（如果当前图层是导线图层）上或放置在 AutoCAD Electrical 搜索图层名时找到的第一个导线图层上。

◇ 如果导线段开始于一条现有导线，则这些导线段将被放在开始导线所在的图层上。

◇ 如果导线段开始于空白区域或元件，并且结束于一条现有的导线，则这些导线段将被放在结束导线所在的图层上。

5.1.1　导线的图形特性设置

导线的图形特性设置
1）在"项目管理器"中右击图形名称，然后在弹出的下拉列表中选择"特性→图形特性"命令，如图 5-1-1 所示。然后在打开的"图形特性"对话框中选择"样式"选项卡，如图 5-1-2 所示。 2）在"样式"选项卡的"布线样式"选项组中，将"导线交叉"方式改为"实心"，将"导线 T 形相交"方式改为"点"。  图 5-1-1　打开"图形特性"对话框  图 5-1-2　"图形特性"对话框的"样式"选项卡

5.1.2　单线绘制

AutoCAD Electrical 可以从空白区域、现有导线段或现有元件处插入一段导线。如果导线段从一个元件开始，系统将捕捉到距离光标最近的接线端子；如果导线段结束于另一个导线段，则在适当情况下，系统会采用一个块名称为 wddot. dwg 的节点；如果导线段结束于另一个元件，则导线段将连接到距离光标最近的接线端子上。

插入导线时，如果已有其他导线占据了接线点，则新导线将被绘制成有角度的接线。插入的导线具有自动连接特性。此外，插入导线时会根据实际需要自动添加导线交叉间隔和跨过标记符。

插入导线		
插入导线的方法	※ 在"原理图"选项卡下的"插入导线/线号"功能面板中单击"导线"图标 ⌇。 ※ 在命令行输入"AEWIRE"命令。	导线　多　线　源 　　母线　号　箭头 插入导线/线号

插入导线的命令行选项	※ 导线类型（T）：选择该选项后，会自动弹出"设置导线类型"对话框，从中可为新导线设定导线类型。在"设置导线类型"对话框中，可以看出不同线径和不同颜色的导线是放在不同的图层中的，如图5-1-3所示。  图5-1-3 "设置导线类型"对话框 ※ 显示连接（X）：导线接近元件时显示元件上的接线连接点。 ※ 起点垂直（V）：强制导线从第一个点的引出方向为垂直方向。 ※ 起点水平（H）：强制导线从第一个点的引出方向为水平方向。 ※ 继续（C）：将上一段导线的终点固定，并继续在当前光标位置处插入下一段导线。 ※ 碰撞禁用（TAB）：插入导线时暂时禁用或启用碰撞检查（系统将仅在当前任务中记住该设置）。若启用碰撞检查，则导线跨越某元件时，会自动弯折以避让这个元件；反过来，若禁用碰撞检查，则导线跨越某元件时，会直接与这个元件交叉重叠。重新启动 AutoCAD Electrical 时，导线碰撞检查处于启用状态。

插入22.5°、45°、67.5°导线

注意：这里所谓的22.5°、45°、67.5°导线指的是起点引出线方向角为22.5°、45°、67.5°的导线。

※ 在"原理图"选项卡下的"插入导线/线号"功能面板中单击图标下面的小箭头，然后在弹出的下拉列表中分别选择、或（如图5-1-4所示），即可画22.5°、45°、67.5°导线。 ※ 在命令行分别输入"AE225WIRE""AE45WIRE"或"AE675WIRE"命令，也可画22.5°、45°、67.5°导线，如图5-1-5所示。	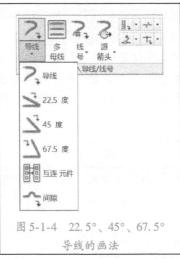 图5-1-4 22.5°、45°、67.5° 导线的画法	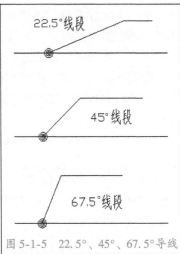 图5-1-5 22.5°、45°、67.5°导线

元件互联
※ 在"原理图"选项卡下的"插入导线/线号"功能面板中单击图标 下面的小箭头，接着在弹出的下拉列表中选择图标 （如图 5-1-4 所示），然后依次拾取要连接的元件端子即可（但要求两元件水平或垂直对齐，提示：打开栅格捕捉有利于两元件对齐）。 ※ 在命令行输入"AECONNECTCOMP"命令，也可进行元件的互联，操作同前。

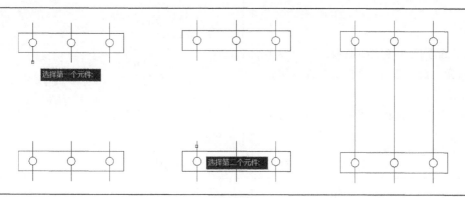

导线间隙	
新导线与其他导线交叉时，会自动插入间隙（间隙是表示两导线交叉跨越的图块），但在某些情况下，可能需要手动添加、删除或翻转间隙，这就需要以下操作。	
插入导线间隙	※ 在"原理图"选项卡下的"插入导线/线号"功能面板中单击图标 下面的小箭头，接着在弹出的下拉列表中选择图标 ，然后拾取要保留为实体的导线，再后拾取要插入间隙的交叉导线，即可将间隙插入到第二条导线上。 ※ 在命令行输入"AEWIREGAP"命令，操作同前。
注意	可以在"图形特性"对话框中的"样式"选项卡下的"布线样式"选项组中选择"实心"来关闭自动添加间隙图块功能。

5.1.3　多母线绘制

使用多母线工具可一次性地绘制多根导线，不但可以大大提高绘图效率，而且能保证导线与导线之间的间距相等。

插入多母线的方法
※ 在"原理图"选项卡中，单击"插入导线/线号"功能面板上的"多母线"图标 ，在弹出的"多导线母线"对话框中设置参数后即可绘制多导线母线，单击结束绘制。 ※ 在命令行输入"AEMULTIBUS"命令，操作同前。

"多导线母线" 对话框	
1）"水平"与"垂直"选项组可设置导线的水平间距和垂直间距。 2）"开始于"选项组可指定导线的开始位置，导线的开始位置包括"元件（多导线）""其他导线（多导线）""空白区域，水平走向""空白区域，垂直走向"4个选项。 3）设置插入导线的条数，可以单击后面的按钮"1""2""3"，也可以直接输入导线的条数。 4）单击"确定"按钮，即可绘制多导线母线。	

从元件出发绘制多母线的说明

1）单击"多母线"按钮▤，并在"开始于"选项组中选择"元件（多导线）"选项，绘图区所有元件的接线端子上都会出现一个绿色的小叉符号。

2）然后框选要连接的元件端子，被框选的元件端子上就会出现一个红色的菱形符号，这时按空格键确认。

3）向下拖动鼠标，绘制多母线，之后按 Enter 键确认。

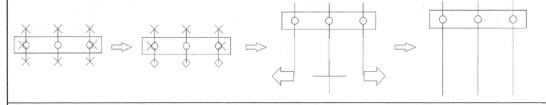

从其他母线出发绘制多母线的说明

第一母线与第一母线 相交的情况	第一母线与第二母线 相交的情况	第一母线与第三母线 相交的情况
单击"多母线"图标▤，并在"开始于"选项组中选择"其他母线（多导线）"选项，首先拾取最上边的导线，然后向下拉即可。	单击"多母线"图标▤，并在"开始于"选项组中选择"其他母线（多导线）"选项，首先拾取中间的导线，然后向上滑动鼠标，等新母线的第二根导线与原母线第一根导线相连后，再下拉即可。	单击"多母线"图标▤，并在"开始于"选项组中选择"其他母线（多导线）"选项，首先拾取最下面的导线，然后向上滑动鼠标，等新母线与原母线全部相连后，再下拉即可。

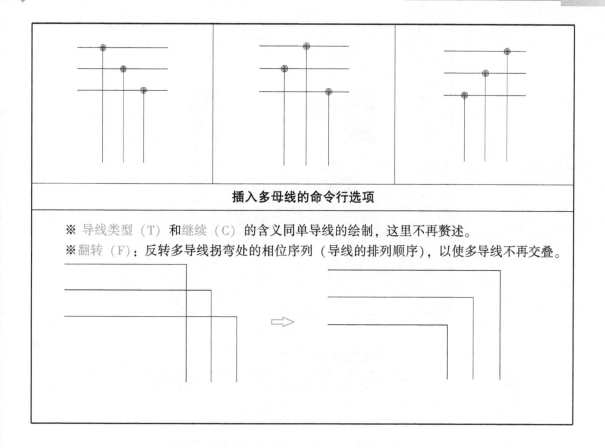

插入多母线的命令行选项
※ 导线类型（T）和继续（C）的含义同单导线的绘制，这里不再赘述。 ※翻转（F）：反转多导线拐弯处的相位序列（导线的排列顺序），以使多导线不再交叠。

5.1.4 导线阶梯图的绘制

导线阶梯图一般用于绘制 PLC 回路控制图，当然它也可以在普通电路中使用。导线阶梯图的特点是在两条母线之间等距放置一系列的导线，用于后期电路的绘制和修改。

1. 设置阶梯图的参数

用户可以通过修改模板或属性定义来设置新的阶梯宽度和间距默认值。这些默认值位于不可见的 WD_M 块上。

设置阶梯图参数的方法
1）单击"原理图"选项卡→"其他工具"功能面板→"图形特性"下拉列表→"图形特性"图标。 2）在"图形特性"对话框中，选择"图形格式"选项卡，如图 5-1-6 所示。 3）在"阶梯默认设置"选项组中进行参数设置，然后单击"确定"按钮。 4）保存并退出模板图形。

图 5-1-6　"图形格式"选项卡

"图形格式"选项卡的说明
1）选项"垂直/水平"用于指定是按水平方向还是垂直方向创建阶梯。 2）选项"间距"用于指定各个阶梯横档之间的间距。 3）选项"宽度"用于指定阶梯的宽度，即两条母线之间的间隔宽度。 4）选项"多导线间距"用于指定多导线相中各个导线之间的间距。 注意：插入的新阶梯没有线参考编号。

2. 插入导线阶梯图

　　用户可以随时插入新阶梯，且插入到图形中的阶梯数没有限制，但是阶梯不能相互重叠。同一垂直列中的多个阶梯段必须沿其左侧垂直对齐。选择"X-Y 栅格"或"X 区域"参考后，这些限制将不再适用。

插入阶梯图的方法
1）单击"原理图"选项卡→"插入导线/线号"功能面板→"插入阶梯"下拉列表→"插入阶梯"图标 。  　　2）在弹出的"插入阶梯"对话框中，指定阶梯的宽度和间距，如图 5-1-7 所示。注意：这里默认的宽度和间距恰好就是在"图形特性"对话框的"图形格式"选项卡中所设置的宽度和间距。 　　3）单击"确定"按钮。 　　4）指定阶梯的起始位置（可以输入起始位置坐标值，也可在图形上拾取一点）。

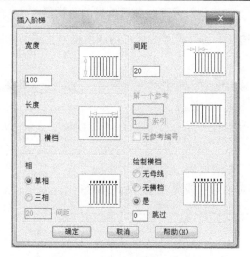

图 5-1-7　"插入阶梯"对话框

5）在阶梯插入期间，当前导线类型将显示在命令提示中。用户可以通过输入热键"T"并从"设置/编辑导线类型"对话框中选择新导线类型替代当前导线类型。新导线类型将成为当前导线类型，阶梯插入命令将继续进行。

6）指定阶梯的最后一个横档的位置即可绘制出阶梯图。如果在"插入阶梯"对话框中已输入长度或横档数，则不需要执行此步骤。

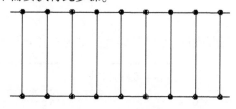

"插入阶梯"对话框的说明

1）选项"宽度"用于指定阶梯的宽度，即两条母线之间的间隔宽度。

2）选项"间距"用于指定各个阶梯横档之间的间距。

3）选项"长度"用于指定阶梯的总长度。

4）选项"横档"用于指定阶梯横档总的数目。

5）选项"第一个参考"用于指定第一个横档的参考编号。

6）选项"索引"用于指定线参考编号的增量数（默认值为 1）。

如果不希望显示所有线参考号，可以使用 AutoCAD 的"删除"命令删除不想显示的线参考号。但请勿删除顶级线参考号，因为此参考号是阶梯的 MLR 块，包含阶梯的智能设置。

7）当选择创建三相阶梯时，"宽度"和"绘制横档"选项将不可用。

8）选项"无母线"指的是沿着现有母线绘制阶梯图。

9）选项"无横档"指的是只绘制热母线和中性母线，不带有横档。

10）当"绘制横档"一栏中选择"是"时，可以指定上一个横档与下一个横档之间跳过的横档空位数；如果指定"跳过"的值为 4，则表示每绘制一条横档将跳过 4 条横档。

插入带有线参考编号的阶梯图

1）单击"原理图"选项卡→"其他工具"功能面板→"图形特性"下拉列表→"图形特性"图标。

2）在"图形特性"对话框中，单击"图形格式"选项卡，如图5-1-6所示。

3）在"格式参考"选项组中选择"参考号"选项。

4）单击"原理图"选项卡→"插入导线/线号"面板→"插入阶梯"下拉列表→"插入阶梯"图标。

5）弹出"插入阶梯"对话框后，会发现"第一个参考"和"索引"两个选项不再是灰色，填写适当的数据即可画出带有线参考编号的阶梯图。

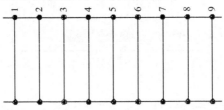

5.1.5 编辑导线

1. 修剪导线

使用"修剪导线"命令可删除导线段以及导线的 T 形连接点图块。

修剪导线的方法

※ 在"原理图"选项卡中，单击"编辑导线/线号"功能面板上的"修剪导线"图标，然后拾取要删除的导线即可。

※ 在命令行输入"AETRIM"命令，操作同前。

修剪导线的命令行选项

※ 栏选（F）：在命令行输入"F + 空格键"后，再在图样上画一条直线并按空格键确认，即可将与该直线相交的所有导线删除，如图5-1-8所示。

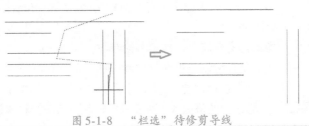

图5-1-8 "栏选"待修剪导线

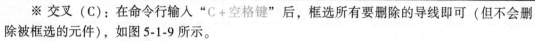

※ 交叉（C）：在命令行输入"C＋空格键"后，框选所有要删除的导线即可（但不会删除被框选的元件），如图5-1-9所示。

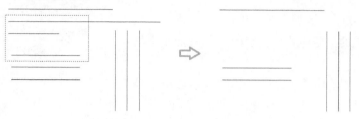

图5-1-9　"交叉框选"待修剪导线

※ 范围缩放（Z）：在命令行输入"Z＋空格键"后，将会触发一个"范围缩放"操作，使得所有导线都显示在屏幕上。

注意：可以按"Delete"键来删除导线，但接线点图块不会被自动删除。

2. 拉伸导线

拉伸导线的应用场合
"拉伸导线"命令可将导线段末端拉伸，使之自动地连接到最近的导线或元件接线端子上。
拉伸导线的方法
※ 在"原理图"选项卡中，单击"编辑导线/线号"功能面板上的"拉伸导线"图标 ，然后选择要拉伸的导线末端即可。※ 在命令行输入"AESTRETCTWIRE"，然后选择要拉伸的导线末端即可。

3. 弯曲导线

弯曲导线的应用场合
"弯曲导线"命令可以将导线的一个弯曲直角替换为3个弯曲直角，以避让其他几何图形。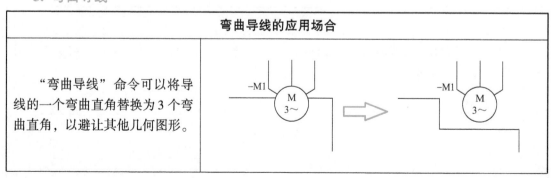

弯曲导线的方法	
※ 在"原理图"选项卡中，单击"编辑导线/线号"功能面板上的"弯曲导线"图标 ，然后单击导线的弯折处即可。 ※ 在命令行输入"AEBENDWIRE"，然后单击导线的弯折处即可。	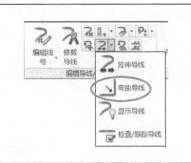

4. 显示导线

显示导线的作用	
"显示导线"命令用于快速检查哪些是导线，哪些不是导线（如几何线段）。使用该命令后，导线的外围会出现一圈红色亮显的包络线，而几何线段没有。此后滑动鼠标滚轮缩放图样可使得红色亮显包络线消失。	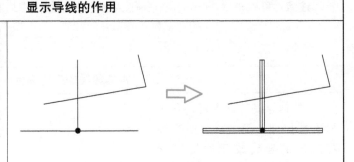

弯曲导线的方法	
※ 在"原理图"选项卡中，单击"编辑导线/线号"功能面板上的"显示导线"图标 即可。 ※ 在命令行输入"AESHOWWIRE"，即可显示导线。	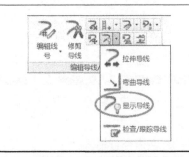

5. 检查/跟踪导线

检查/跟踪导线的作用
检测导线是否有未连接问题或短路问题。执行该命令后，每按一下空格键，与原导线相连接的下一段导线就会亮显。

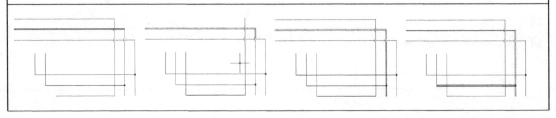

检查/跟踪导线的方法	
※ 在"原理图"选项卡中，单击"编辑导线/线号"功能面板上的"检查/跟踪导线"图标，然后任意拾取一根导线，并依次按空格键以检查/跟踪导线。 ※ 在命令行输入"AETRACEWIRE"后，任意拾取一根导线，并依次按空格键以检查/跟踪导线。	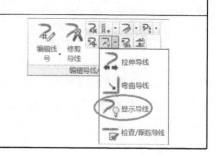

5.1.6　更改导线类型

图样的导线架构系统绘制好以后，有时需要对个别导线的类型进行调整。

更改导线类型的方法	
1）右击要更改类型的导线，然后在弹出的"标记菜单"（如图5-1-10所示）中选择"更改/转换导线类型"命令。 2）然后在弹出的"更改/转换导线类型"对话框中选择导线的某种类型，如图5-1-11所示。 3）当勾选了"更改网络中的所有导线"选项时，系统将会把被拾取导线以及与之相连接的所有导线的导线类型全部更改为选定类型；若没有勾选"更改网络中的所有导线"选项，则只将被拾取导线的类型更改为选定类型。 4）单击"确定"按钮。	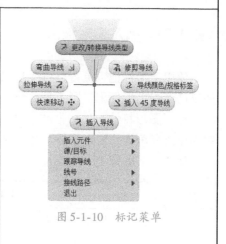 图5-1-10　标记菜单

图5-1-11　"更改/转换导线类型"对话框

将几何直线转换为导线的方法
1）单击"原理图"选项卡→"编辑导线/线号"功能面板→"修改导线类型"下拉列表→"更改/转换导线类型"图标⁊。
2）接着在弹出的"更改/转换导线类型"对话框中选择导线类型，并单击"确定"按钮。
3）然后拾取要转换的几何线段，并按 Enter 键确认即可。
提示：按此法，可以绘制圆弧形的导线。

查询导线的类型
1）单击"原理图"选项卡→"编辑导线/线号"功能面板→"修改导线类型"下拉列表→"更改/转换导线类型"图标⁊。
2）接着在弹出的"更改/转换导线类型"对话框中单击"拾取"按钮。
3）然后拾取未知导线，并按 Enter 键确认。
4）这时在"更改/转换导线类型"对话框中对应的导线类型记录将会亮显。

5.1.7 插入 T 形标记

使用 T 形标记工具可以将 T 形点标记或有角度的 T 形标记插入到现有 T 形导线交点处。如果已存在 T 形标记，则工具会将现有标记从点更改为有角度或从有角度更改为点。

在"图形特性"对话框的"样式"选项卡中，如果将布线样式的"导线 T 形相交"设置为点或有角度的 T 形符号，那么布线时会自动在 T 形连接处插入点或有角度的 T 形符号。

注意：不能将 T 形接线符号插入到空白的空间中。

在 T 形接线处插入 T 形点标记
1）单击"原理图"选项卡→"插入导线/线号"功能面板→"插入 T 形点标记"下拉列表→"插入 T 形点标记"图标⊤⌐，如图 5-1-12 所示。

图 5-1-12　插入 T 形点标记（1）

2）在交点上或交点附近选择插入点，即可插入 T 形点标记，如图 5-1-13 所示（如果交点处存在有角度的 T 形标记，系统会将其替换为 T 形点标记）。

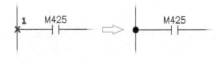

图 5-1-13　插入 T 形点标记（2）

在 T 形接线处插入有角度的 T 形连接符号

1）单击"原理图"选项卡→"插入导线/线号"功能面板→"插入 T 形点标记"下拉列表→"插入有角度的 T 形标记"图标，如图 5-1-14 所示。

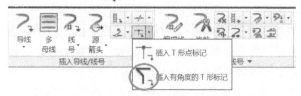

图 5-1-14　插入有角度的 T 形标记（1）

2）在交点上或交点附近选择插入点，即可插入有角度的 T 形标记，如图 5-1-15 所示（如果交点处存在 T 形点标记，系统会将其替换为有角度的 T 形标记）。

图 5-1-15　插入有角度的 T 形标记（2）

3）插入有角度的 T 形标记后，可在该标记上右击，以改变有角度 T 形标记的角度方向。

子学习情境 5.2　插入元件

工作任务单

情　　境	学习情境 5　工程图的绘制				
任务概况	任务名称	插入元件	日期	班级	学习小组	负责人
	组员					
任务载体和资讯	（软件截图）	载体：AutoCAD Electrical 软件。 资讯： 1. 怎样插入元件。（重点） 2. "插入元件"对话框。（重点） 3. "图形特性"对话框中的"元件"选项卡。 4. "插入元件"功能面板上的其他命令。				

任务目标	1. 掌握元件的插入方法。 2. 掌握"图形特性"对话框中"元件"选项卡的设置方法。
任务要求	**前期准备：**小组分工合作，通过网络收集 ACE 软件插入元件的方法。 **上机实验要求：** 1. 实验前必须按教师要求进行预习，并写出实验预习报告，无预习报告者不得进行实验；按照教师布置的实验要求、任务进行实验操作，实验过程中发现问题应举手请教师或实验管理人员解答。 2. 按要求及时整理实验数据，撰写实验报告，完成后统一交给教师批改。 **任务成果：**一份完整的实验报告。 **实验报告要求：**实验报告是实验工作的全面总结，要用简明的形式将实验结果完整和真实地表达出来。因此，实验报告质量的好坏将体现学生的理解能力和动手能力。 1. 要符合"实验报告"的基本格式要求。 2. 要注明：实验日期、班级、学号。 3. 要写明：实验目的、实验原理、实验内容及步骤。 4. 要求：对实验结果进行分析、总结，书写实验的收获体会、意见和建议。 5. 要求：文理通顺、简明扼要、字迹端正、图表清晰、结论正确、分析合理、讨论力求深入。

知识链接

AutoCAD Electrical 原理图元件是具有某些预期属性的 AutoCAD ® 块。使用 AutoCAD Electrical 工具插入元件时，可执行以下操作：①打断导线。②指定唯一元件标记。③交互参考相关元件。④输入目录信息、元件描述、位置代号等的值。

AutoCAD Electrical 为查找和插入原理图元件提供了一个原理图符号对话框。它还可以触发某些其他功能，如导线自动打断、元件标记、实时交互参考、元件注释等。

5.2.1 元件的插入

1. 插入电气元件的步骤

插入电气元件的步骤
1）在"原理图"选项卡中的"插入元件"功能面板上单击"图标菜单"图标 ◌ᵧ，如图 5-2-1 所示。 <div align="center"></div><div align="center">图 5-2-1　"图标菜单"图标</div>

2）这时将弹出"插入元件"对话框。因为图纸模板是 GB 模板，所以 ACE 将在"插入元件"对话框中自动调出 GB 原理图符号库，如图 5-2-2 所示。

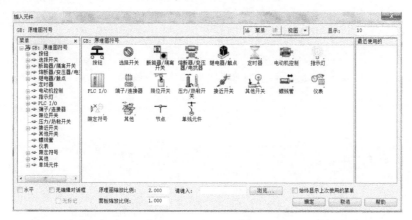

图 5-2-2　"插入元件"对话框

3）在"插入元件"对话框的中间区域，双击要插入的元件类型图标，例如 ![icon]，将弹出下一级菜单，在该菜单中可选择具体的按钮类型，并单击"确定"按钮即可，如图 5-2-3 所示。

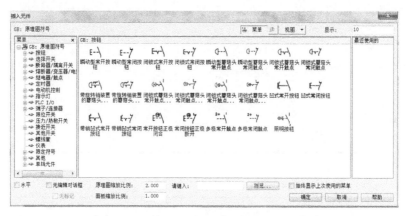

图 5-2-3　"插入元件"对话框的下一级菜单

4）在导线上指定插入点可将元件直接插入到导线当中（也可放置在空白区域处），元件被插入导线后会根据导线走向自动旋转摆放。如果插入元件后目标导线未被打断，则表示选择的放置位置没有充分靠近该导线。

5）插入多级元件时，指定了第一个插入点后会弹出一个对话框，该对话框询问其他元件的插入方向，选定了方向后，ACE 软件会自动将其余元件插入到相应的导线之中，如图 5-2-4 所示。

6）插入元件后，ACE 将弹出"插入/编辑元件"对话框，在此对话框中填入元件的参数，单击"确定"按钮即可，当然也可暂时不填，直接单击"确定"按钮，如图 5-2-5 所示。

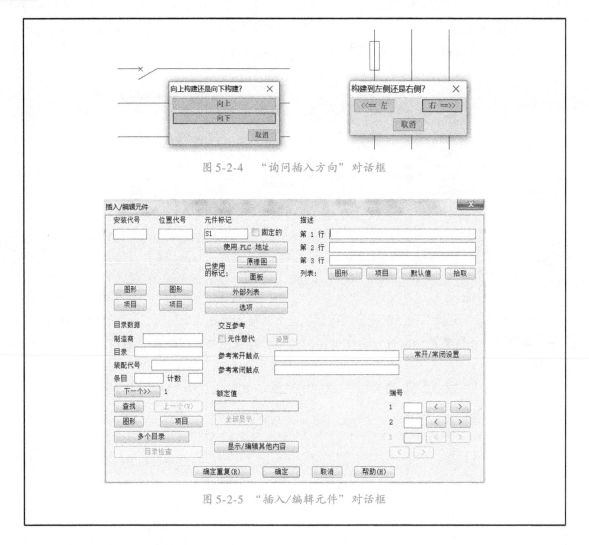

图 5-2-4　"询问插入方向"对话框

图 5-2-5　"插入/编辑元件"对话框

2. 插入电气元件的其他方法

插入电气元件的其他方法
在"原理图"选项卡中的"插入元件"功能面板上单击"图标菜单"图标 下面的小箭头，将弹出"图标菜单"下拉列表，在该列表中可选择其他插入元件的方法，如分别单击图标""""""和""图标后，可以从"元件目录列表""元件设备列表""元件面板列表"和"元件端子列表"中选择元件插入。

3. 插入其他非电气元件

插入非电气元件的步骤
1）在"原理图"选项卡中的"插入元件"功能面板上单击"插入元件"旁的小箭头，然后再单击下拉列表中的 3 个下图标，可分别打开"插入气动元件""插入液动元件"和"插入 P&ID 元件"。

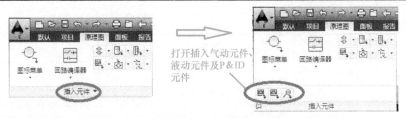

2）用同样的方法，可以在"气动元件库""液动元件库"和"P&ID元件库"中选择某元件插入到图样当中。

5.2.2　"插入元件"对话框

1. 详解"插入元件"对话框

详解"插入元件"对话框

"插入元件"对话框如图5-2-2所示。

1）单击"菜单"图标"菜单"可更改右边"菜单"树视图的可见性。

2）单击"到上一级"图标"↑"可显示中间"原理图符号"预览窗口中当前菜单的上一级菜单。如果选择了"原理图符号"预览窗口中的主菜单，则此选项不可用，显示为灰色图标↑。

3）单击"视图"图标"视图▾"可更改"原理图符号"预览窗口和"最近使用的"窗口的视图显示。"视图"按钮的选项包括带文字的图标、仅图标和列表视图。

4）"最近使用"图框用于显示最近编辑任务期间插入的几个元件。

5）在"显示"文本框中可指定要在"最近使用的"列表框中显示的图标数。请仅输入整数，默认值为10。

6）默认插入的元件为垂直放置，如勾选了下面的"水平"选项，则插入的元件为水平放置。

7）如勾选了下面的"无编辑对话框"选项，则插入元件后不弹出"插入/编辑元件"对话框。

8）只有勾选了"无编辑对话框"选项，才能勾选"无标记"选项，这时将插入无标记序号的元件。

9）可以在"原理图缩放比例"文本框中指定要插入元件块的缩放比例。

10）可以在"面板缩放比例"文本框中指定要插入元件面板图块的缩放比例（画面板图时使用）。

11）可以在"请键入"文本框中手动输入要插入的元件块的存放路径。

12）可以单击"浏览"按钮查找并选择要插入的自定义元件块。

13）若勾选了"始终显示以前使用的菜单"选项，系统将在每次打开"插入元件"对话框时显示以前使用的菜单。例如，如果从"按钮"子菜单插入按钮，下次打开"插入元件"对话框时，默认情况下将显示"按钮"子菜单。

2. "插入元件"对话框中的常用元件

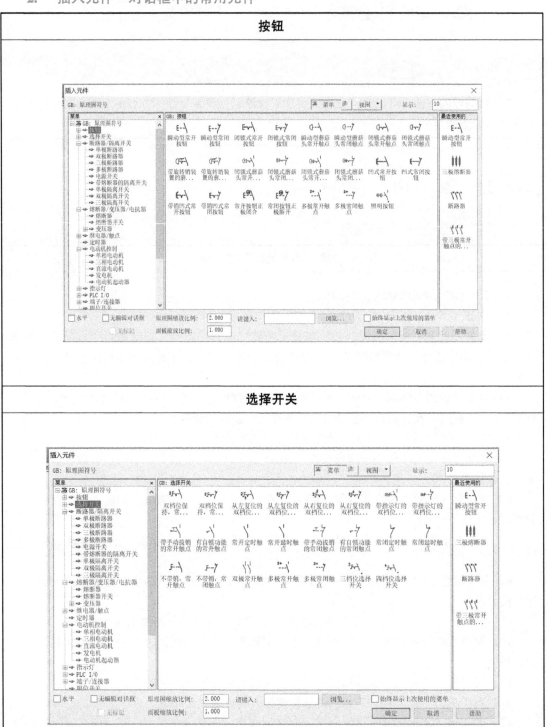

断路器/隔离开关

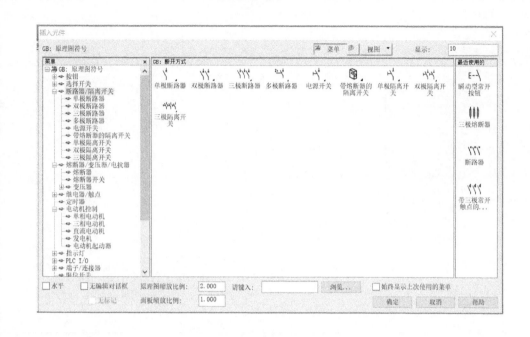

熔断器/变压器/电抗器

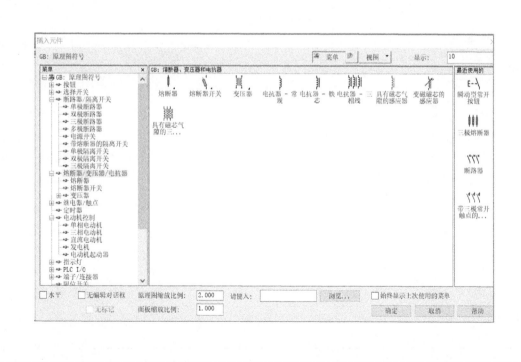

电动机控制

电动机起动器

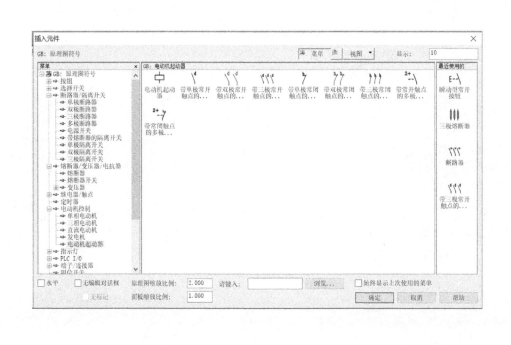

定时器

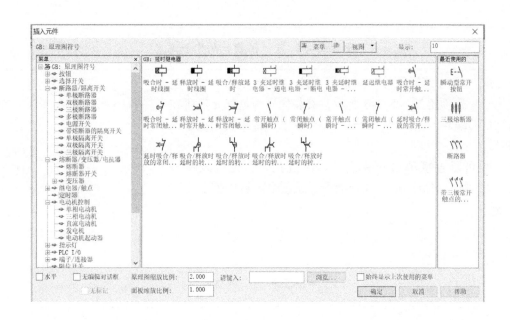

端子/连接器

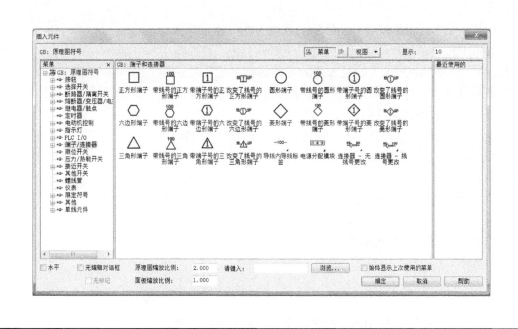

5.2.3 详解 "插入/编辑元件" 对话框

"安装代号" 与 "位置代号" 选项组	
※ "插入/编辑元件" 对话框中的 "安装代号" 与 "位置代号" 选项组如图 5-2-6 所示，安装代号为电气元件所在电气柜的编号，位置代号为电气元件在电气柜中安装位置的编号。 ※ 可以直接填写安装代号与位置代号，也可以单击 "图形" 和 "项目" 后，在当前图形或整个项目中搜索安装代号。	 图 5-2-6 "安装代号" 与 "位置代号" 选项组
"元件标记" 选项组	
※ "插入/编辑元件" 对话框中的 "元件标记" 选项组如图 5-2-7 所示，这里的元件标记实际上就是电气元件的名称编号。 ※ 可在文本框中编辑现有元件标记或输入特定的元件标记。如果不希望在重新自动标记元件时更新此标记，请选择 "固定的" 选项。如果输入的是重复的元件标记，则会显示一个警告对话框，可以在该对话框中选择 "使用重复的元件标记" 或 "使用新元件标记"。 ※ 单击 "使用 PLC 地址"，则搜索指向附近某个 PLC I/O 地址的接线，如果找到了，则在元件的标记名中使用该 PLC 地址号。 ※ 单击 "已使用的标记" 一栏中的 "原理图" 或 "面板"，将弹出一个列表，该列表列出了 "原理图" 或 "面板图" 中已使用的元件标记名称，用户可在此列表中为新元件复制某标记。 ※ 单击 "外部列表"，可从外部列表文件中指定一个标记。 ※ 单击 "选项"，可用固定的文字字符串来替换标记格式中的 "% F"（元件种类代号）部分。	 图 5-2-7 "元件标记" 选项组

"描述"选项组

※ "插入/编辑元件"对话框中的"描述"选项组如图 5-2-8 所示，这里最多可输入 3 行描述属性文字。

※ 单击"图形"和"项目"按钮，可以在当前图形或整个项目中搜索描述属性文字。

※ 单击"默认值"按钮，打开一个 ASCII 文本文件，可以从中快速拾取标准描述。

※ 单击"拾取"按钮，可从当前图形的某一元件中拾取描述。

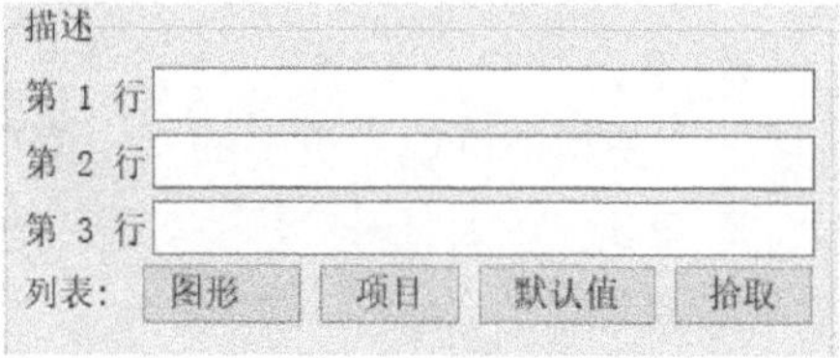

图 5-2-8　"描述"选项组

"目录数据"选项组

※ "插入/编辑元件"对话框中的"目录数据"选项组如图 5-2-9 所示，可以在"制造商""目录""装配代号""条目"和"计数"文本框中填入制造商名称、制造商产品目录号（型号）、装配代号、元件标识符（序号）和该型号元件的数量。

※ 单击"下一个"可查找下一个可用的 BOM 表条目号。

※ 单击"上一个"将扫描上一个项目以查找选定元件的实例，并返回元件值。

※ 单击"查找"可打开元件的零件目录，从中可以选择"制造商"或"型号"。在该数据库中搜索特定目录条目，以指定某厂家或某型号的元件。

※ 单击"图形"和"项目"，可以在当前图形或整个项目中搜索类似元件使用的零件号。

※ 单击"多个目录"，可以在选定的元件上插入或编辑额外的目录零件号。最多可以向任一元件添加 10 个零件号。在各种 BOM 表和元件报告中，这些 BOM 表零件号将显示为主目录零件号的子装配零件号。

※单击"目录检查"，可以显示选定条目在 BOM 表模板中的外观。

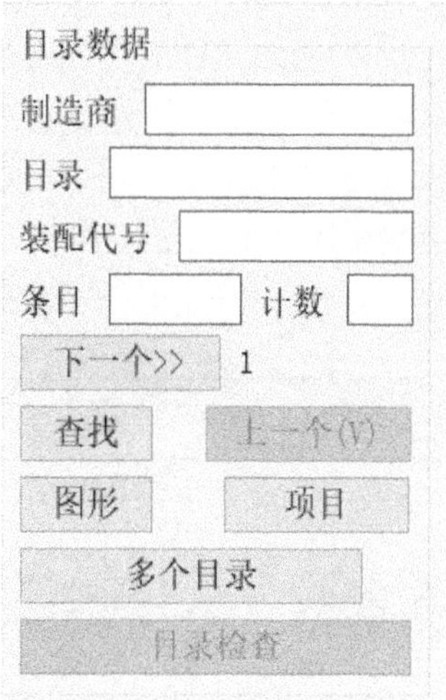

图 5-2-9　"目录数据"
选项组

"额定值"选项组	
※ "插入/编辑元件"对话框中的"额定值"选项组如图5-2-10所示,可在"额定值"文本框中填入元件的额定值。 ※ 单击"全部显示"后将弹出"查看/编辑额定值"对话框,在其中可填入更多的额定值项目。 ※ 单击"显示/编辑其他内容"可查看或编辑除预定义的ACE属性之外的所有属性。	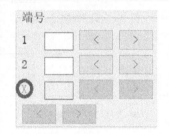 图5-2-10 "额定值"选项组
"端号"选项组	
※ "插入/编辑元件"对话框中的"端号"选项组如图5-2-11所示,该选项可按端号顺序将端子名称指定给实际位于元件上的端子。 ※ 单击端号窗口右侧的"<"或">"可将以前在项目中使用的所有端子名以及可以使用的下一个端子名填入端子名窗口中。 ※ 如果元件的实际端子数大于3,可单击最下边一排的"<"和">"按钮,这时图5-2-11圆圈中的端子编号会相应递增或递减,这时可在最下边的端子名文本框中填入相应端子序号的端子名称。	图5-2-11 "端号"选项组
"交互参考"选项组	
将在6.1节讲解	

5.2.4 "图形特性"对话框中的"元件"选项卡

打开"元件"选项卡
1)单击"原理图"选项卡→"其他工具"功能面板→"图形特性"下拉列表→"图形特性"图标![icon],如图5-2-12所示。 <div align="center"> 图5-2-12 "图形特性"图标</div>

2）在"图形特性"对话框中，单击"元件"选项卡，如图5-2-13所示。

图5-2-13　"元件"选项卡

关于标记变量的说明

标记变量类似于数学中的 X 一样，在不同的情况下它可以有不同的取值，例如：元件所在图样页码为 1 时，元件的标记变量%S＝1；元件所在图样页码为 2 时，元件的标记变量%S＝2。

清空"元件"选项卡中的"标记格式"文本框，然后按 Enter 键，这时将弹出一个警告，在该警告中会显示各种标记变量的含义。

%N＝基准元件标记号或线参考

%X＝可选后缀位置（仅基于标记的线参考）

%F＝元件种类代号

%S＝页码值

%D＝图形值

%P＝IEC－样式项目代号

%I＝"安装代号"值（如果"安装代号"为空，则使用 IEC 样式安装代号）

%L＝"位置代号"值（如果"位置代号"为空，则使用 IEC 样式位置代号）

%A＝此图形的项目图样清单的"分区"值

%B＝项目图样清单的"子分区"值

什么是线参考

线参考就是以元件所在导线的参考编号来确定元件位置的标号。

例如：101 号导线上依次有 3 个基于线参考的按钮（总类代号默认为 PB），当标记格式为"%F%N"时，这 3 个按钮的标记内容依次为 PB101、PB101A 和 PB101B；当标记格式为"%N－%F"时，按钮的标记内容依次为 101－PB、101－PBA 和 101－PBB；当标记格式为"%N%X－%F"时，按钮的标记内容依次为 101－PB、101A－PB 和 101B－PB。

> **关于"元件"选项卡的说明**
>
> 1）"标记格式"文本框用于指定插入的新元件的标记格式。
>
> 例如：设某继电器的排序编号为 50（种类代号默认为 CR），所在图样的页码值为 2，则当标记格式为"%F%S/%N"时，其实际的标记内容为"CR2/50"；当标记格式为"%F%N"时，其实际的标记内容为"CR50"；当标记格式为"%F-%S-%N"时，其实际的标记内容为"CR-2-50"。
>
> 2）若勾选"搜索 PLC I/O 位址"，则在插入元件的时候搜索与之相连接的 PLC 模块的 I/O 点编号。如果找到了 I/O 点编号，就会用该编号替代默认元件标记的"%N"部分。
>
> 3）选择"连续"后，可在其后的文本框中输入要插入图形的开始序号。以后每插入一个同类型图形，这个序号将自动加 1。
>
> 4）选择"线参考"后，可打开"基于参考的元件标记后缀列表"对话框，如图 5-2-14 所示，在对话框中可为处于相同参考位置的同一类多个元件设置标记的后缀列表，例如：相同的线参考"101"上的 3 个按钮可以被标记为 PB101、PB101A 和 PB101B。
>
>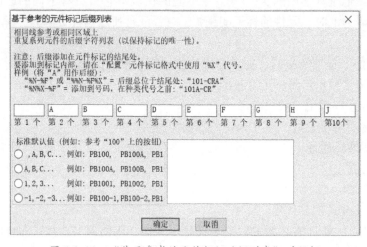
>
> 图 5-2-14 "基于参考的元件标记后缀列表"对话框

5.2.5 "插入元件"功能面板上的其他命令

1. 批量插入

> **什么是利用图标菜单进行的批量插入**
>
> 批量插入指的是把在"插入元件"对话框（如图 5-2-2 所示）中选择的元件批量插入到图样中。

怎样利用图标菜单插入批量元件

1）在"原理图"选项卡中的"插入元件"功能面板上单击"多次插入"下拉列表中的"多次插入（图标菜单）"图标🔧，如图 5-2-15 左侧圆圈中的图标所示。

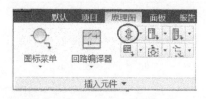

图 5-2-15　"多次插入（图标菜单）"图标

2）然后从弹出的"插入元件"对话框（如图 5-2-2 所示）中选择要批量插入的元件（如按钮）。

3）栏选要批量插入某元件的所有导线段（即画一条折线，使之与要插入元件的所有导线段相交），并右击确认，如图 5-2-16 所示。

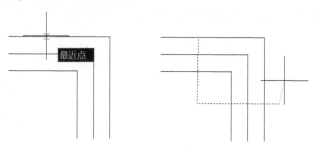

图 5-2-16　栏选导线段

4）这时将会弹出一个"保留"对话框，如图 5-2-17 所示，该对话框有 3 个选项：其一是"保留此项"（意为保留当前导线与栏选线交点上插入的元件）；其二是"全部保留，不询问"（这时 ACE 将自动把所选元件插入到栏选线与导线的各个交叉点处，且不再弹出询问对话框）；其三是"否，跳到下一项"（意为不保留当前插入的元件，跳向下一个插入点）。

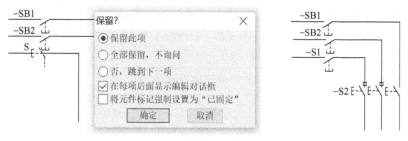

图 5-2-17　"保留"对话框

5）在"保留"对话框中，可以设置每插入一个元件后是否显示"插入/编辑"对话框，还可以设置插入的元件标记是否为"已固定"（即重新自动标记所有元件时，该元件标记不可更改）。

什么是拾取主要项后进行的批量插入

这里的批量插入指的是在图样中拾取某一个元件后，再将其批量插入到图样的其他位置处。

拾取主要项后批量插入的方法

1）在"原理图"选项卡中的"插入元件"功能面板上单击"多次插入"下拉列表中的"多次插入（拾取主要项）"图标 ，如图5-2-18所示。

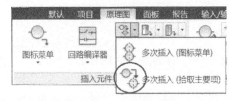

图5-2-18　"多次插入（拾取主要项）"图标

2）如图5-2-19所示，在当前图样上拾取要插入元件的导线。
3）之后的操作同利用图标菜单进行批量插入。

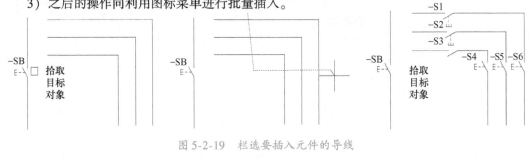

图5-2-19　栏选要插入元件的导线

2. 位置框

什么是位置框

位置框是一个闭合的矩形或正交多边形虚线框，位置框用于表明它所包含元件的位置代号/安装代号不同于图样中其他元件的位置代号/安装代号，位置框中包含的元件有着统一的位置代号/安装代号，以表明这些元件安装于同一配电柜上的同一面板。

插入"位置框"的方法

1）在"原理图"选项卡中的"插入元件"功能面板上单击"位置框"下拉列表中的"位置框"图标 ，如图5-2-20左侧圆圈中的图标所示。

图5-2-20　"位置框"图标

2）画位置框：画矩形位置框时，指定矩形位置框的两个角点即可；画正交多边形位置框时，先在命令行输入 9 及 Enter 键，然后用鼠标指定起始角点，以此类推指定正交多边形的其他角点，直到可以闭合正交多边形时在命令行输入 C 和 Enter 键，最后指定描述性文字图块的插入点。

3）然后在弹出的"位置框"对话框进行设置即可，如图 5-2-21 所示。

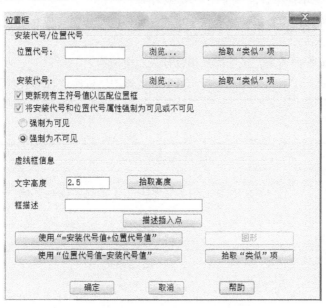

图 5-2-21 "位置框"对话框

详解"位置框"对话框

1）"位置代号/安装代号值"选项组。

● 在文本框中可直接输入位置代号和安装代号值，或者单击"浏览…"在弹出的"位置代号"或"安装代号"列表中选择已经使用过的位置代号或安装代号值，或者也可单击"拾取'类似'项"然后在图样上选择现有位置代号或安装代号值。

● 选择是否更新框中主元件的位置代号值和安装代号值以匹配该位置框的值。

● 选择框中所有元件的位置代号属性和安装代号属性的可见性。

2）"虚线框信息"选项组。

● 在"文字高度"文本框中可输入文字高度，或选择"拾取高度"以选择图样上具有所需高度的文字对象。

● 在"框描述"文本框中可输入描述性文字。

● 单击"描述插入点"可更改描述文字的位置。如果位置框不是矩形，则会禁用此项。

● 单击"使用'=安装代号值+位置代号值'"和"使用'位置代号值–安装代号值'"按钮可设置位置代号值和安装代号值的显示格式。

● 单击"图形"可在弹出的"所有位置框描述–图形"对话框中选择描述。

● 单击"拾取'类似'项"可在当前图样上选择现有元件的描述值。

"位置框" 的特性
1）设置位置框后，其包含的所有主元件的位置代号/安装代号均会更新，以匹配位置框中所设置的位置代号/安装代号。 2）如果将元件插入或移动到位置框内，则 ACE 软件会更新该元件的位置代号值和安装代号值，以匹配位置框中所设置的位置代号/安装代号。 3）如果将元件移出位置框，则会提示更新该元件的位置代号值和安装代号值，以匹配图样的设定值。 4）元件在位置框内还是在位置框外由其插入点决定。 5）位置框所在图层默认为 LOCBOX，可以进入该图层修改位置框的颜色和线型。

3. 虚线连接

虚线连接的意义
用虚线连接某几个元件，可以表明这几个元件具有联动作用，即这些元件将执行同一个操作动作。

虚线连接的方法
1）单击"原理图"选项卡→"插入元件"功能面板→"虚连接线"下拉列表→"用虚线连接元件"图标　，如图 5-2-22 左侧圆圈中的图标所示。  <div align="center">图 5-2-22　"用虚线连接元件"图标</div> 2）按照虚连接线的期望顺序依次拾取要连接的对象，然后按 Enter 键确认即可，如图 5-2-23 所示。 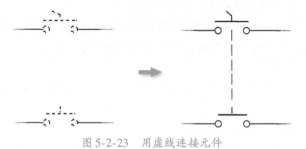 <div align="center">图 5-2-23　用虚线连接元件</div>

虚线连接的删除
要删除虚连接线，请再次运行"用虚线连接元件"命令，并按照与以前相同的顺序拾取对象，并按 Enter 键即可。

虚线连接的特性
1）用于虚线连接的第二个到最后一个元件的标记、描述和交互参考属性将会变得不可见，只有使用"取消隐藏属性"命令才可以使选定的属性重新可见。 　　2）元件必须具有 X？LINK 属性，才能进行虚线连接。X？LINK 属性是元件可选的不可见属性，它允许 AutoCAD Electrical 自动绑定到相关元件之间的虚连接线中（而不是用交互参考注释）。"？"是一个数字，表示首选的连接线连接方向。例如：两个按钮是不能进行虚线连接的。 　　3）连接虚线所在图层默认为 LINK，可以进入该图层修改连接虚线的颜色和线型。

学习情境6

编辑工程图

知识目标：掌握编辑元件及元件属性的方法；掌握元件交互参考的设置方法；熟悉导线图层的概念；掌握导线标签、导线线号的插入和编辑方法；掌握图样与项目属性的匹配方法。

能力目标：培养学生利用网络资源进行资料收集的能力；培养学生获取、筛选信息和制定工作计划、方案及实施、检查和评价的能力；培养学生独立分析、解决问题的能力；培养学生的团队工作、交流和组织协调的能力与责任心。

素质目标：培养学生养成严谨细致、一丝不苟的工作作风和严格按照国家标准绘图的习惯；培养学生的自信、竞争和效率意识；培养学生爱岗敬业、诚实守信、服务群众和奉献社会等职业道德。

子学习情境 6.1　元件的编辑

工作任务单

情　　境	学习情境6　编辑工程图					
任务概况	任务名称	元件的编辑	日期	班级	学习小组	负责人
	组员					
任务载体和资讯	![screenshot]		载体：AutoCAD Electrical 软件。 资讯： 1. 编辑元件。（重点） 2. 编辑元件属性。（重点） 3. 元件的交互参考。（重点） 4. 编辑零件目录。			

任务目标	1. 掌握编辑元件及元件属性的方法。 2. 掌握元件交互参考的设置方法。
任务要求	**前期准备**：小组分工合作，通过网络收集有关元件编辑以及元件属性编辑的资料。 **上机实验要求：** 1. 实验前必须按教师要求进行预习，并写出实验预习报告，无预习报告者不得进行实验；按照教师布置的实验要求、任务进行实验操作，实验过程中发现问题应举手请教师或实验管理人员解答。 2. 按要求及时整理实验数据，撰写实验报告，完成后统一交给教师批改。 **任务成果**：一份完整的实验报告。 **实验报告要求**：实验报告是实验工作的全面总结，要用简明的形式将实验结果完整和真实地表达出来。因此，实验报告质量的好坏将体现学生的理解能力和动手能力。 1. 要符合"实验报告"的基本格式要求。 2. 要注明：实验日期、班级、学号。 3. 要写明：实验目的、实验原理、实验内容及步骤。 4. 要求：对实验结果进行分析、总结，书写实验的收获体会、意见和建议。 5. 要求：文理通顺、简明扼要、字迹端正、图表清晰、结论正确、分析合理、讨论力求深入。

知识链接

在画原理图时，ACE 提供了许多高效的元件编辑工具，下面将对这些工具进行详细介绍。用户在熟练掌握这些工具后，画图时就能得心应手了。

6.1.1　编辑元件

1. 删除元件

删除元件的方法
在"原理图"选项卡中的"编辑元件"功能面板上单击"删除元件"图标，然后选择要删除的元件并按 Enter 键即可。 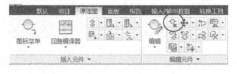

删除元件的注意事项

※ 用"删除元件"命令删除了某元件后，所留的导线断点将会被修复，而且被删除元件所在导线网络上的各线号也会被调整。

※ 如果删除的是辅元件，AutoCAD Electrical 将在当前图形中自动查找其对应的主元件，并会从主元件的交互参考列表中自动删除掉该辅元件的注释项，如图 6-1-1 所示。

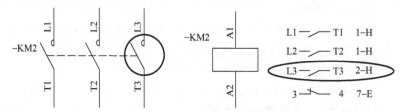

图 6-1-1 辅元件与主元件交互参考列表的对应关系

※ 如果删除的是主原理图元件，用户可以选择搜索相关的辅元件，并将其删除。

删除主元件之后的辅元件处理

删除主元件（主装置）之后（例如删除了接触器 KM 的线圈），将自动弹出"是否搜索/浏览到辅项"对话框，询问是否搜索与该主项相关联的辅项，单击"确定"按钮后，又会弹出"快存"对话框，询问是否快速保存当前图样，再次单击"确定"按钮，完成保存如图 6-1-2 所示。

图 6-1-2 "是否搜索/浏览到辅项"对话框及"快存"对话框

这时将弹出"浏览"对话框，在"浏览"对话框的列表中选择要删除的辅元件后，单击"转至"按钮，这时在该辅元件的前面会出现一个"X"符号，接着单击"删除"按钮即可将该辅元件删除，如图 6-1-3 所示。

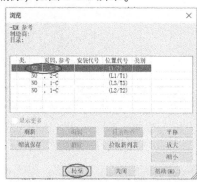
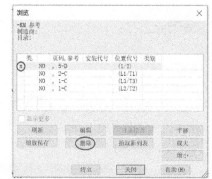

图 6-1-3 "浏览"对话框

以此类推，重复上述工作，将主元件所对应的辅元件全部删除，最后按"关闭"按钮即可。

2. 快速移动元件

快速移动元件的作用
快速移动元件可拖动元件在其所属导线上来回滑动，但不能越过元件两边的其他元件。快速移动元件，也可快速移动连接于某导线上的导线，移动时，该导线的连接点将沿所连接导线滑动。 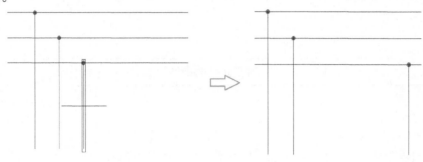
快速移动元件的操作
在"原理图"选项卡中的"编辑元件"功能面板上单击"快速移动"列表中的"快速移动"图标⟨⊹⟩，然后选择要移动的元件，并在导线上滑动光标到指定位置，最后单击确定即可。 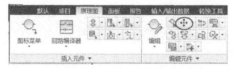

3. 移动元件

移动元件的作用	
可将元件拖动到图样上的任何一个其他位置。	
移动元件的操作	
在"原理图"选项卡中的"编辑元件"功能面板上单击"快速移动"列表中的"移动元件"图标⟨⊹⟩，然后选择要移动的元件，并移动光标到指定位置后，单击即可。	

4. 对齐元件

对齐元件的作用
可将处于不同导线上的元件对齐。 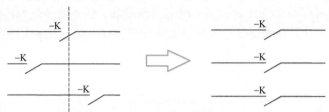
对齐元件的操作
在"原理图"选项卡中的"编辑元件"功能面板上单击"快速移动"列表中的"对齐"图标，然后选择要对齐的基准元件，这时将在该元件处出现一条对齐线，接着选择要对其的其他元件，按空格键确认后，即可将所拾取的全部元件沿对齐线对齐。

5. 反转与翻转元件

反转与翻转的含义
反转为左右反转，翻转为上下翻转。 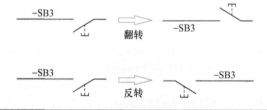
反转与翻转的操作
1）在"原理图"选项卡中的"编辑元件"功能面板上单击"快速移动"列表中的"反转/翻转元件"图标。 2）在弹出对话框中选择"反转"或"翻转"。 3）拾取要反转或翻转的基准元件。 4）按 Esc 键退出。

6. 复制元件

复制元件的操作
在"原理图"选项卡中的"编辑元件"功能面板上单击"复制元件"图标🗃️，然后选择要复制的元件，接着指定复制元件的存放位置即可。 

6.1.2 编辑元件属性

1. 什么是元件属性

什么是元件属性
元件属性指的是有关元件的说明性注释，包含：元件标记、安装代号、位置代号、描述1、描述2等，其中有些是可见的，有些是不可见的，例如：元件标记、安装代号、位置代号是可见的，元件的制造商和元件的目录默认是不可见的。 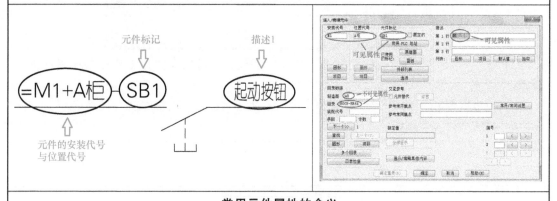

常用元件属性的含义

属性	含义	属性	含义	属性	含义
TAG1	元件的名称	MFG	生产厂家	CAT	元件的型号（目录号）
ASSYCODE	可选装配代号	FAMILY	元件的类别	DESC1~3	描述1~3
INST	安装代号	LOC	位置代号	XREF	交互参考
XREFNC	闭触点交互参考	XREFNO	常开触点交互参考		

2. 修改元件属性

编辑元件的属性文字值，可以使用两种不同的工具来编辑元件信息。

使用"插入/编辑元件"对话框修改元件属性

1）单击"原理图"选项卡→"编辑元件"功能面板→"编辑元件"下拉列表→"编辑"
图标🔧。

2）选择要编辑的元件。

3）在"插入/编辑元件"对话框中编辑标记值。

4）单击"确定"按钮完成编辑。

使用"编辑选定的属性"工具修改元件属性

1）单击"原理图"选项卡→"编辑元件"面板→"修改属性"下拉列表→"编辑选定的
属性"图标🖌。

2）在元件旁拾取要编辑的属性，这时将显示一个对话框，在该对话框内可以键入一个新
的属性值。

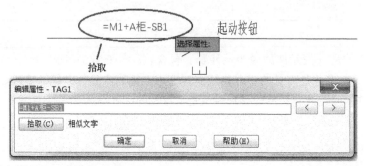

3）在"编辑属性"对话框中单击"拾取"按钮，还可以在图样中拾取其他属性进行
修改。

4）也可以单击"编辑属性"对话框中的箭头键 < 和 > ，以增加或减少属性值。

5）单击"确定"按钮。

---

3. 移动元件属性

移动元件属性的方法

1）单击"原理图"选项卡→"编辑元件"功能面板→"修改属性"下拉列表→"移动/
显示属性"图标📷，如图6-1-4所示。

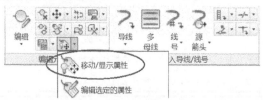

图6-1-4 "移动/显示属性"图标

2）拾取要移动的元件属性（可以分别拾取每个元件，也可以通过框选的方式来拾取多个
元件），按Enter键确认，这时围绕属性会出现一个矩形框，如图6-1-5所示。

图 6-1-5 确定元件属性的基点

3）选择移动操作的插入点。属性将跟随光标自动移动到指定位置，如图 6-1-6 所示。

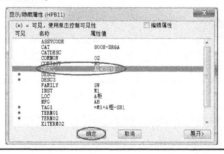

图 6-1-6 选择元件属性的插入点

4. 隐藏元件属性（单一拾取）

隐藏元件属性（单一拾取）的方法
1）单击"原理图"选项卡→"编辑元件"功能面板→"修改属性"下拉列表→"隐藏属性（单一拾取）"图标 。 2）拾取元件的某个要隐藏的属性后，该属性将立即隐藏。 3）也可以拾取元件块图本身，这时将弹出属性列表，然后在该列表中选择某属性，再单击"确定"按钮，即可隐藏该属性。

5. 隐藏元件属性（窗选/多选）

隐藏元件属性（窗选/多选）的方法
1）单击"原理图"选项卡→"编辑元件"功能面板→"修改属性"下拉列表→"隐藏属性（窗选/多选）"图标 。 2）框选某几个元件块图，这时将弹出"将属性翻转为不可见"对话框，接着在该列表中选择某属性，如选择 DESC1。 3）单击"确定"按钮，即可隐藏这些元件的对应属性。 

6. 显示元件属性

显示元件属性的方法

1）单击"原理图"选项卡→"编辑元件"功能面板→"修改属性"下拉列表→"取消隐藏属性（窗选/多选）"图标。

2）框选某几个元件块图，这时将弹出"将属性翻转为可见"对话框，接着在该列表中选择某属性，如选择 DESC1。

3）单击"确定"按钮，即可显示这些元件的对应属性。

7. 旋转元件属性

旋转元件属性的方法

1）单击"原理图"选项卡→"编辑元件"功能面板→"修改属性"下拉列表→"旋转属性"图标。

2）选择要旋转的属性文字，该属性文字会顺时针旋转 90°，如果继续选择该属性文字，该属性文字会再次沿顺时针方向旋转 90°。

3）旋转之后，按空格键以退出元件属性旋转模式。

6.1.3　元件的交互参考

1. 元件的交互参考的定义

什么是元件的交互参考
元件的交互参考就是位于图样不同区域但属于同一设备的不同组件的文字注释。例如接触器的线圈与触点就是属于同一个设备的不同组件，在原理图中这些组件不可能集中画在一起，一般要分散于电路的各处画出，为了表达它们属于同一设备，要在这些组件旁边加一些注释说明，这就是元件的交互参考。
主元件与辅元件
同一设备所包含的不同元件一般有主、辅之分，主元件与辅元件的各自特点如下： 　　◇ 主元件为父级，辅元件为子级（如接触器的线圈为父级元件，触点为子级元件）。 　　◇ 主、辅元件的"插入/编辑元件"对话框不同，在辅元件的"插入/编辑元件"对话框中没有"数据目录"一栏，所以辅元件不用填写产品的厂家及型号等数据。 　　◇ 在 BOM 表中不显示辅元件的信息，但 BOM 表显示的主元件信息中包含了对应辅元件的信息（假设主、辅元件已经被关联）。

2. 图样的分区设置

新建的图样虽然复制了图纸模板的分区图线，但是项目文件并不知道这些分区图线的坐标点，所以应该将分区图线的坐标点告知项目文件。

测量图样的分区间隔
1）在状态栏中右击图标□，然后选择✕，以打开交点捕捉工具。 2）单击状态栏上的"动态输入"图标⤒以打开动态输入功能。 3）然后执行："默认"选项卡→"实用工具"功能面板→"距离"图标▭，以测量图样的横向及纵向分区间隔。 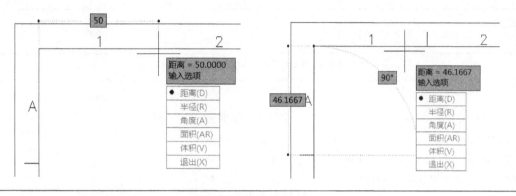
"格式参考"选项组
1）在"项目管理器"中右击图形名称，然后在弹出的下拉列表中选择"特性"及"图形特性"命令。打开"图形特性"对话框后，选择"图形格式"选项卡，并在其中找到"格式参考"选项组。 2）"格式参考"选项组中选项含义如下： ◇ X-Y 栅格：沿着图样的水平及垂直两个方向进行分区，所有对象的参考位置都与图样左侧的字母及顶部的数字相关联（如某个线圈位于 D4 区）。 ◇ X 区域：类似 X-Y 栅格，但是没有 Y 轴。 ◇ 参考号：每个导线阶梯列都有一列指定的参考号。 ◇ 设置：指定对象位置参考号的显示方式。 
栅格设置
选择了"X-Y 栅格"选项后，单击"设置..."按钮，将弹出"X-Y 夹点设置"对话框。 单击"拾取≫"按钮，以拾取图样左上角边框线的交点，这时该交点的坐标值会自动填入"X-Y 夹点设置"对话框中。在"间距"文本框中填入刚才测量好的水平和垂直分区间距。最后设置图形的水平分区索引号（一般为0、1、2、3、4、5、6、…）及垂直分区索引号（一般为 A、B、C、D、E、…）。

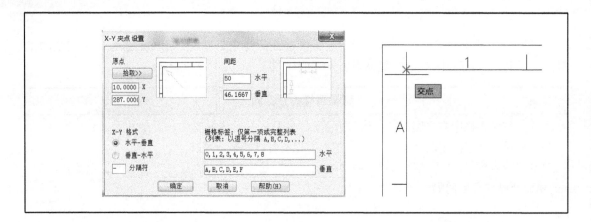

3. 主元件交互参考的设置

打开主元件的"插入/编辑元件"对话框

※ 在"原理图"选项卡中的"插入元件"功能面板上单击"图标菜单"按钮插入主元件（如插入接触器的线圈、常开或辅助常闭触点），这时将弹出主元件的"插入/编辑元件"对话框。

※ 右击主元件，在弹出的标记菜单（如图 6-1-7 所示）中选择编辑元件，这时也会弹出主元件的"插入/编辑元件"对话框。

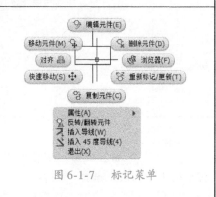

图 6-1-7　标记菜单

"插入/编辑元件"对话框的"交互参考"选项组

◇ 元件替代

勾选该项并单击"设置"按钮，可手动对交互参考图块 WD_M 的格式进行设置。

◇ 参考常开触点/参考常闭触点

当主元件与其所对应的辅元件没有关联时，"参考常开触点/参考常闭触点"文本框将为空白，但是当主元件与其所对应的辅元件关联时，该文本框中将会显示所有与该主元件相关联的触点在图样分区中的位置信息。所以这两个文本框不用手工填写，而由软件自动填写。

◇ 常开/常闭设置

单击"常开/常闭设置"按钮后，将弹出"最大常开/闭触触点计数和/或所允许的端号"对话框。

"最大常开/常闭触点计数和/或所允许的端号"对话框	
◇ 首先填写以下四个文本框：最大常开触点计数、最大常闭触点计数、最大可转换型常开/常闭触点数和类型"4"的最大未定义数。 ◇ 单击"从对等项检索"按钮可在处于激活状态的图样中选择某元件并将其端号列表复制到正在编辑的元件中。 ◇ 最后在"端号列表"文本框中填写所有触点的类型及端子编号。	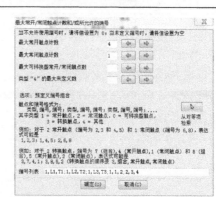

"端号"选项组
端号的格式为：触点类型、进线触点端号、出线触点端号；触点类型、进线触点端号、出线触点端号；…（注意：端号中的标点符号要求均为英文标点符号） 触点类型的代码含义为：0 = 可转换型，1 = 常开，2 = 常闭，3 = 转换触点（组合开关触点），4 = 其他。 示例1： 2个端号为2、3和4、5的常开触点和1个端号为6、8的常闭触点具有以下端号列表： 1、2、3；1、4、5；2、6、8 示例2： 2个端号为7（组合）、4（常开）、1（常闭）和8（组合）、5（常开）、2（常闭）的转换触点具有以下端号列表： 3、7、4、1；3、8、5、2

4. 辅元件交互参考的设置

辅元件交互参考的设置
◇ 仿照主元件的方法，打开辅元件的"插入/编辑辅元件"对话框，如图6-1-8所示。 ◇ 在"插入/编辑辅元件"对话框中的"元件标记"选项组中，单击"主项/同级项"按钮。 ◇ 在图样上拾取辅元件即可。

图6-1-8 辅元件的"插入/编辑辅元件"对话框

201

5. 元件交互参考的格式设置

打开"交互参考"选项卡
1）单击"原理图"选项卡→"其他工具"功能面板→"图形特性"下拉列表→"图形特性"图标，如图6-1-9所示。  图6-1-9　"图形特性"图标 2）在"图形特性"对话框中，单击"交互参考"选项卡，如图6-1-10所示。  图6-1-10　"交互参考"选项卡 3）在"交互参考"选项卡中可设置"交互参考"格式。

"交互参考格式"选项组
1）当主元件与辅元件处于同一张图样内时，交互参考默认为%N，这里的%N是一个关于图样分区值的变量。如某元件与另一个处于5-A分区的元件属于同一个设备，那么就会在该元件旁边标记5-A（这时的%N=5-A），以表示该元件与5-A分区的元件有关联。 2）当主元件与辅元件不处于同一张图样内时，交互参考默认为%S.%N，这里的%S是图样页码。如某元件与另一个处于第1张图样中5-A分区的元件属于同一个设备，那么就会在该元件旁边标记1.5-A（这时的%N=5-A），以表示该元件与第1张图样中5-A分区的元件有关联。

"元件交互参考显示"选项组		
用于设置主元件（如接触器）下面的交互参考显示格式。		
文字格式	图形格式	表格格式
将交互参考显示为文字，用某字串作为相同属性的参考之间的分隔符。	在新行上显示每个参考时，使用ACE图形字体或使用接点映射编辑框显示交互参考。	在实时自动更新的表格对象中显示交互参考。可以定义要显示的列。

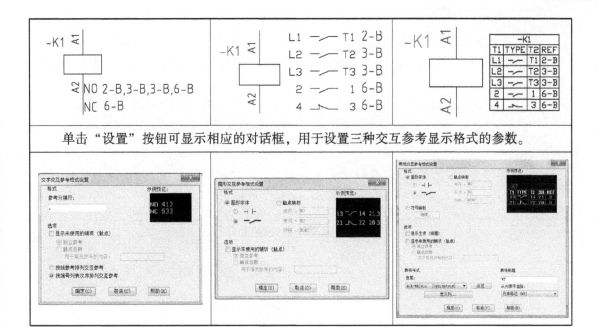

单击"设置"按钮可显示相应的对话框，用于设置三种交互参考显示格式的参数。

6.1.4 编辑零件目录

打开元件的"零件目录"对话框
在"插入/编辑元件"对话框的"目录数据"选项组中，单击"查找"按钮可打开元件的"零件目录"对话框。 
"零件目录"对话框
◇单击 🔍，可查看相关元件的 Web 链接；单击 🗑，可清除所有过滤器；单击 🗃，可添加目录条目；单击 📝，可编辑目录条目。

◇单击"数据库"下拉列表框旁边的小箭头，可选择数据库；单击"表格"下拉列表框旁边的小箭头，可选择某表格；可在搜索框输入元件的关键字在目录数据库中搜索与该元件匹配的数据。

◇单击列标题，可弹出与列标题有关的条目信息，可勾选某一条目作为信息过滤器。

零件目录库文件的存放路径
C：\ Users \ 计算机名 \ Documents \ AcadE 2014 \ AeData \ zh – CN \ catalogs \ default_cat. mdb 文件"default_cat. mdb"可用 Office 的 Access 软件可打开。

添加自己的目录条目	
单击 ，将弹出"添加目录记录（表格 MS）"对话框，填好并单击"确定"按钮后，该条目就会出现在"零件目录"对话框中，以后可以直接将该条目应用于某元件。	

子学习情境6.2 导线的标注

工作任务单

情　　境	学习情境6　编辑工程图					
任务概况	任务名称	导线的标注	日期	班级	学习小组	负责人
	组员					

任务载体和资讯		**载体：** AutoCAD Electrical 软件。 **资讯：** 1. 导线的图层。（重点） 2. 导线标签。（重点） 3. 导线内导线标签。 4. 电缆标记。（重点） 5. 导线的线号。（重点） 6. 线号的编辑。（重点） 7. 编辑线号的其他命令。 8. 导线的交互参考。（重点） 9. 图样与项目属性的匹配。
任务目标	\multicolumn{2}{l}{1. 掌握导线图层的概念。 2. 掌握导线标签、导线线号的插入和编辑方法。 3. 掌握图样与项目属性的匹配方法。}	

任务要求	**前期准备：** 小组分工合作，通过网络收集有关导线线号的有关知识。 **上机实验要求：** 　　1. 实验前必须按教师要求进行预习，并写出实验预习报告，无预习报告者不得进行实验；按照教师布置的实验要求、任务进行实验操作，实验过程中发现问题应举手请教师或实验管理人员解答。 　　2. 按要求及时整理实验数据，撰写实验报告，完成后统一交给教师批改。 **任务成果：** 一份完整的实验报告。 **实验报告要求：** 实验报告是实验工作的全面总结，要用简明的形式将实验结果完整和真实地表达出来。因此，实验报告质量的好坏将体现学生的理解能力和动手能力。 　　1. 要符合"实验报告"的基本格式要求。 　　2. 要注明：实验日期、班级、学号。 　　3. 要写明：实验目的、实验原理、实验内容及步骤。 　　4. 要求：对实验结果进行分析、总结，书写实验的收获体会、意见和建议。 　　5. 要求：文理通顺，简明扼要，字迹端正，图表清晰，结论正确，分析合理，讨论力求深入。

知识链接

　　导线网络是由相互连接的一条或多条导线段和可选分支组成的一个连续的导电导体。导线网络中的导线段包含导线内端子和导线交叉间隔。如果未在"线号"对话框的"线号选项"选项组中选择"逐条导线"选项，则导线网络中的所有线段均将接收同一线号。当多条导线被绑定到一个共同的接线点时，每条导线都将被视为独立的导线网络并具有由 Auto-CAD Electrical 指定的其自身唯一的线号。

注意： 一个接线连接点最多只应绑定三条接线。

6.2.1 导线的图层

当线位于 AutoCAD Electrical 定义的导线图层上时，AutoCAD Electrical 会将线图元视为导线。用户可以在图形中设置多个导线图层，每个导线图层都有一个描述性名称（例如"RED_16"或"BLK_14_THW"），并可为其指定一种屏幕颜色以真实地模仿导线颜色。导线不必在捕捉点处开始或结束，也不必正交（它们可以任意角度斜交）。

1. 查看原理图的图层

查看原理图图层的定义名称
1）单击"原理图"选项卡→"其他工具"功能面板→"图形特性"下拉列表→"图形特性"图标。  2）在"图形特性"对话框的"图形格式"选项卡中的"图层"选项组，单击"定义"按钮，即可显示"定义图层"对话框。 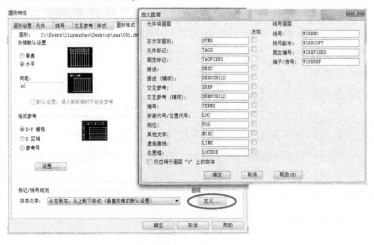
查看原理图图层
单击"默认"选项卡→"图层"功能面板→"图层"一栏右侧的小黑三角，即可显示原理图的各个图层。

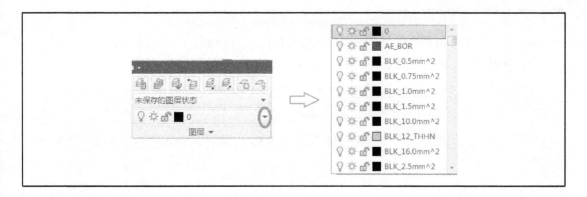

2. 创建导线图层

创建导线图层

1）单击"原理图"选项卡→"编辑导线/线号"功能面板→"修改导线类型"下拉列表→"创建/编辑导线类型"图标 ，如图6-2-1所示。

图6-2-1 "创建/编辑导线类型"图标

2）接着将弹出"创建/编辑导线类型"对话框，如图6-2-2所示，该对话框会列出激活图形中所有有效的导线图层，同时也会列出导线的图层名称、导线特性（例如颜色、尺寸）以及用户定义的特性等。

图6-2-2 "创建/编辑导线类型"对话框

3）在"导线颜色"列最后的空白处输入导线的颜色，如 BLU。

4）在"大小"列最后的空白处输入导线的尺寸，如 14AWG。

5）这时"图层名称"将自动创建，如图 6-2-3 所示。

	已使用	导线颜色	大小	图层名称	导线编号	用户1	用户2
1	X	BLK	14AWG	BLK_14AWG	是		
2	X	RED	18AWG	RED_18AWG	是		
3	X	WHT	16AWG	WHT_16AWG	是		
4		BLU	14AWG	BLU_14AWG	是		
5							

图 6-2-3　编辑导线参数明细

6）在"创建/编辑导线类型"对话框中的"图层"选项组，单击"颜色..."按钮，选择图层的颜色，如蓝色。

注意：如果要将新导线图层设置为默认图层，请单击"将选定图层设为默认图层"按钮。

7）单击"确定"按钮。

3. 更改导线图层的指定

将导线收编于导线图层

1）单击"原理图"选项卡→"编辑导线/线号"功能面板→"修改导线类型"下拉列表→"更改/转换导线类型"图标，如图 6-2-4 所示。

图 6-2-4　"更改/转换导线类型"图标

2）接着将弹出"更改/转换导线类型"对话框，该对话框类似于"创建/编辑导线类型"对话框。"已使用"列中的"X"表示当前正在使用该图层名称。

3）选择某个导线图层，这里选择"RED_18AWG"，如图 6-2-5 所示。

	已使用	导线颜色	大小	图层名称	导线编号	用户1	用户2
1	X	BLK	14AWG	BLK_14AWG	是		
2	X	RED	18AWG	RED_18AWG	是		
3	X	WHT	16AWG	WHT_16AWG	是		
4							

图 6-2-5　编辑导线参数明细

4）单击"确定"按钮。

5）从左向右框选要更改图层的导线，然后按 Enter 键，如图 6-2-6 所示。

注意：按 Enter 键前，导线将显示为虚线以表示其已被选中，如图 6-2-7 所示。按 Enter 键后，这些导线将显示为红色，表示其已被移至 RED_18AWG 导线图层上。

6）重复此过程，将其他导线移动到另一个导线图层上。

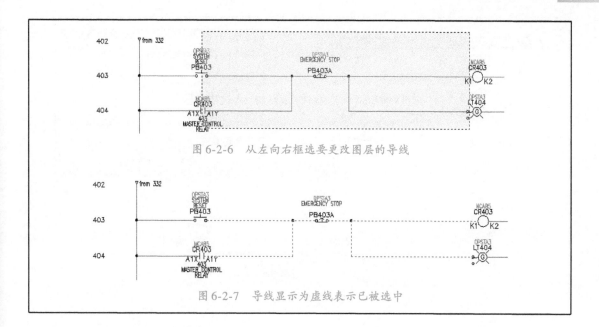

图 6-2-6 从左向右框选要更改图层的导线

图 6-2-7 导线显示为虚线表示已被选中

6.2.2 导线标签

什么是导线标签

　　所谓的导线标签就是对图样中某导线颜色和规格的说明性注释，一个完整的导线标签包含箭头、引线、颜色及规格的说明性字符。

　　当选择要标记的导线后，ACE 软件将读取该导线的图层名（不同颜色规格的导线放在不同的图层，且放置某导线的图层名就是该导线的颜色/规格字符），检索匹配的文字标签，然后将该文字标签作为标签用引线插入图形。

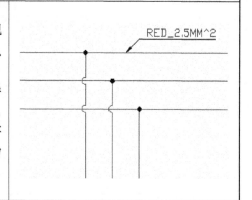

添加导线标签命令

　　1）在"原理图"选项卡下的"插入导线/线号"功能面板中，单击"线号引线"图标 旁边的▼，接着在弹出的下拉列表中单击"导线颜色/规格标签"图标 （或在命令行输入"AEWIRECOLOR LABEL"），这时将弹出的"插入导线颜色/规格标签"对话框，如图 6-2-8 所示。

　　2）接着在"插入导线颜色/规格标签"对话框中选择自动放置或手动放置方式。

　　3）然后在图样中拾取某根导线，并按 Enter 键确认，如图 6-2-9 所示。

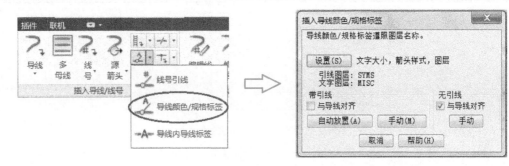

图 6-2-8　添加导线标签

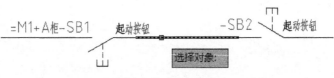

图 6-2-9　拾取导线

4）这时将再次弹出一个对话框，如图 6-2-10 所示，在此对话框中确认标签的文字内容后，单击"确定"按钮即可。

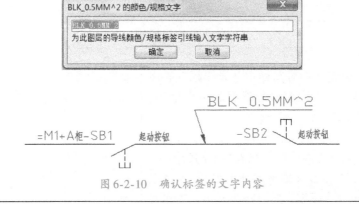

图 6-2-10　确认标签的文字内容

"插入导线颜色/规格标签" 对话框的详细说明

※ 无引线/手动：勾选此项后，会将不带引线的文字标签放置到选定的位置（导线的附近）。

※ 带引线/自动放置：单击该按钮并拾取某导线后，ACE 会自动在导线的附近寻找一个合适的位置来放置标签。

※ 带引线/手动：单击该按钮后，要先选定箭头指向的位置点，再指定引线的折弯位置点，最后按空格键确认即可。

※ 设置：单击该按钮后，将弹出"导线标签颜色/规格设置"对话框。

"导线标签颜色/规格设置"对话框的详细说明

1）在"导线图层-颜色/规格标签映射"选项组中，可选择图层名称，以添加或修改导线标签（即导线的颜色/规格字符，也是图层名称）。

2）在"引线"选项组中，可设置文字大小、箭头大小、箭头类型和引线/间隙大小。

文字大小遵循当前的 AutoCAD DIMTXT 设置；箭头大小默认为当前的 AutoCAD DIMASZ 设置。

3）指定引线图层和文字图层，默认情况下引线图层为 SYMS 和文字图层为 MISC。

4）最后单击"确定"按钮，将更改应用到导线标签。

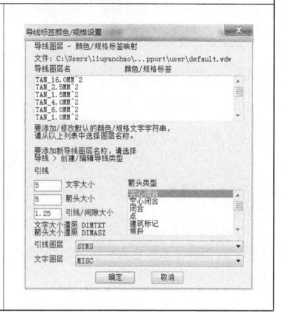

6.2.3 导线内导线标签

什么是导线内导线标签

导线内导线标签是一种嵌入到导线中的导线标签，它可以标识特殊信号名称或导体的颜色。导线编号和报告会忽略这些仅供参考的标签。

——————蓝色——————

添加导线内导线标签

1）在"原理图"选项卡下的"插入导线/线号"功能面板中，单击"线号引线"图标旁边的▼，接着在弹出的下拉列表中单击"导线内导线标签"图标，这时将弹出"插入元件"对话框，如图 6-2-11 所示。

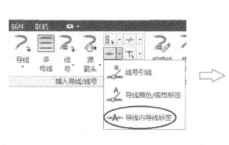

图 6-2-11 添加导线内导线标签

2）在"插入元件"对话框中选择被预定义了的导线标签，并将其放置在导线上即可。若选择"自定义类型"导线标签，则在指定放置位置后弹出如图 6-2-12 所示对话框，在其中可填入自定义的标签内容即可。

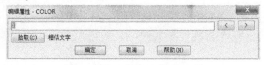

图 6-2-12　自定义导线标签

3）最后按 Esc 键退出命令。

调整导线内导线/标签的间隔

如果标签太宽，可使用"调整导线内导线/标签间隔"工具调整标签与导线之间间隙宽度。

1）在"原理图"选项卡下的"编辑导线/线号"功能面板中，单击"复制线号"图标旁边的▼，接着在弹出的下拉列表中单击"调整导线内导线/标签间隔"图标，如图 6-2-13 所示。

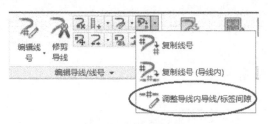

图 6-2-13　"调整导线内导线/标签间隔"图标

2）在命令行中选择"设置（S）"后，将弹出"导线内导线标签间隙设置"对话框，如图 6-2-14 所示。

图 6-2-14　"导线内导线标签间隙设置"对话框

3）根据需要调整参数 A 和 C 的值，以定义间距大小。

4）拾取要调整的导线内标签即可，若不再调整其他标签间隙，可按 Esc 键退出。

压缩属性/文字

如果标签太宽，可使用"压缩属性/文字"工具压缩文字的宽度以适合间隙。

1）在"原理图"选项卡下的"编辑元件"功能面板中，单击"移动/显示属性"图标旁边的▼，接着在弹出的下拉列表中单击"压缩属性/文字"图标。

2）然后每单击一下导线内标签，其宽度就会缩减5%。

3）最后按 Esc 键退出。

6.2.4　电缆标记

什么是电缆标记
由于电缆属于多芯的导线，因此它属于导线的集合体，电缆标记用于指示某些导线同属于一根电缆以及电缆的型号颜色等。 　　注意：电缆存在主元件和辅元件标记，需根据实际需求进行选取，切勿多次插入主元件。 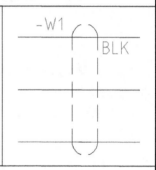
插入带有屏蔽层的电缆标记

1）在"原理图"选项卡下的"插入导线/线号"功能面板中，单击"电缆标记"图标，这时将弹出"插入元件"对话框，如图6-2-15所示。

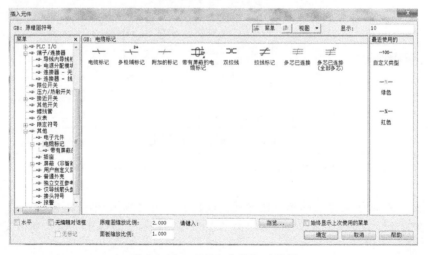

图 6-2-15　"插入元件"对话框

2）在"插入元件"对话框中，单击 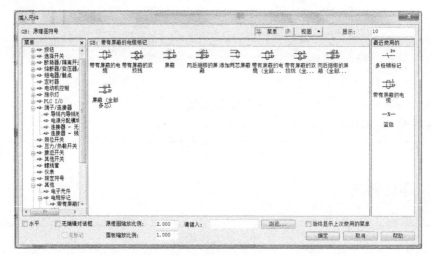，再在下一级菜单选择带有屏蔽层的某种类型电缆标记，如图 6-2-16 所示。

图 6-2-16　"插入元件"对话框的下一级菜单

3）然后拾取图样上属于该电缆的所有导线，并按 Enter 键确认。

4）接着在弹出的"插入/编辑电缆标记（主导线）"对话框的"电缆标记"选项组中，填入电缆名称；在"导线颜色/ID"选项组中，填入电缆的颜色或标识码，如图 6-2-17 所示。

5）最后单击"确定"按钮即可。

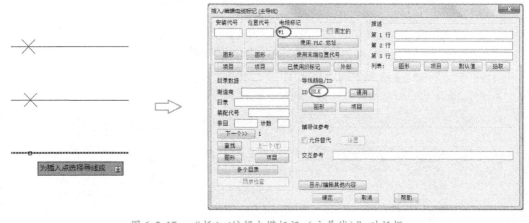

图 6-2-17　"插入/编辑电缆标记（主导线）"对话框

插入（一般）电缆标记

1）执行完插入"电缆标记"命令后，可在"插入元件"对话框中单击"电缆标记"图标 ——。

2）然后选择属于该电缆的第一根导线，这时会弹出"插入/编辑电缆标记（主导线）"对话框，在对话框中设置好电缆参数并单击"确定"按钮后，将弹出"是否要插入一些辅元件？"对话框。

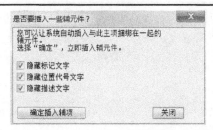

3）在该对话框中单击"确定插入辅项"按钮后拾取属于该电缆的第二根导线，依次类推即可。

4）最后按 Esc 键退出。

插入其他类型的电缆标记

插入其他类型电缆标记（如多级辅助标记、附加标记、……）的操作方法和前述方法类似，但不会显示"是否要插入一些辅元件？"对话框。

多级辅助标记及附加标记	双绞线	绞线标记	多芯连接

6.2.5 导线的线号

线号是为每根导线定义的编号，施工时操作人员会用打号机将线号标签绑定在电线上以便于维修检查，线号也是插入到线条导线图元中的图块或属性（注释参数）。

线号有 4 种类型：普通（重新运行"插入线号"命令时可以更新的线号）、固定（在后续的"插入线号"命令运行中将不更新这种固定线号）、额外（指定给导线的除普通线号或固定线号之外的线号副本）和信号（用于端子和信号箭头的线号）。

1. 设置"图形特性"对话框中的"线号"选项卡

打开"图形特性"设置中的"线号"选项卡

1）单击"原理图"选项卡→"其他工具"功能面板→"图形特性"下拉列表→"图形特性"图标，如图 6-2-18 所示。

图 6-2-18 "图形特性"图标

2）在"图形特性"对话框中，单击"线号"选项卡，如图 6-2-19 所示。

图 6-2-19　"线号"选项卡

设置线号的文本格式

如图 6-2-19 所示，在"线号"选项卡的"线号格式"选项组中，可以指定新线号标记的文本内容。该文本内容由格式变量及一些其他常量字符组合而成，但线号标记内容必须包含%N 参数。格式变量包括%S（图形的页码）、%D（图形编号）、%N（元件的序号或线参考编号）、%X（线参考的后缀字符位置）、%P（项目代号）、%I（安装代号）及%L（位置代号）。

设置线号的起始值与增量值

如图 6-2-19 所示：

1）在"连续"文本框中，可以设置格式变量%N 的起始值（可以是字母、数字）。

2）在"增量"文本框中，可以设置从旧线号到新线号的%N 值的增量，增量值默认为 1，如果将其设置为 2 并从 1 开始连续编号，则会形成 1、3、5、7、9、11 等线号。

设置"线参考"

如图 6-2-19 所示，"线参考"选项用于设置线号标记的后缀。此时线号标记的前面部分是线参考号，后缀可以是 A、B、C、…，也可以是 1、2、3、…。

单击"后缀设置..."按钮，可打开"基于参考的线号后缀列表"对话框，如图 6-2-20 所示，在这里可以选择某种后缀格式。

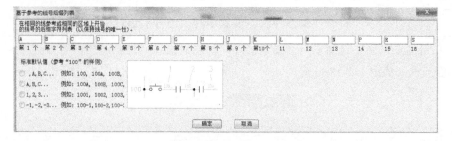

图 6-2-20　"基于参考的线号后缀列表"对话框

设置"新线号放置"选项组

如图 6-2-19 所示：

1）新线号放置的位置有三个选项，分别是：导线上（将线号放置在实体导线的上方）、导线内（将线号嵌入到导线内）、导线下（将线号放置在实体导线的下方）。

2）单击"间隙设置…"按钮可定义线号与导线自身之间的间距。

3）新线号沿导线长度方向的放置位置有两个选项，分别是：居中（指定将线号标记插入每根导线线段的中间）、偏移（从导线左端或上端偏移的距离处插入线号标记）。

4）单击"引线"（此选项对导线内线号不可用），在下拉菜单中选择："根据需要""始终"或"从不"。

设置"标记/线号规则"选项组

1）单击"原理图"选项卡→"其他工具"功能面板→"图形特性"下拉列表→"图形特性"图标 。

2）在"图形特性"对话框中，单击"图形格式"选项卡。

3）如图 6-2-21 所示，在"图形格式"选项卡左下角的"标记/线号规则"选项组中单击 ，在下拉列表中选择标记或线号设置顺序，如先从左到右，然后从上到下排列标记或线号。

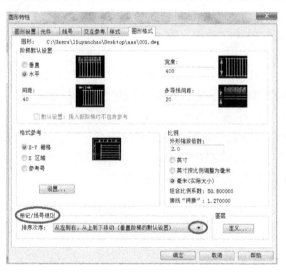

图 6-2-21 "图形格式"选项卡

2. 线号的放置

线号放置命令

1）在"原理图"选项卡中的"插入导线/线号"功能面板上，单击"线号"图标 （或在命令行输入"AEWIRENO"），这时将弹出"导线标记"对话框，如图 6-2-22 所示。

2）在"导线标记"对话框中，对线号的放置方式进行设置。

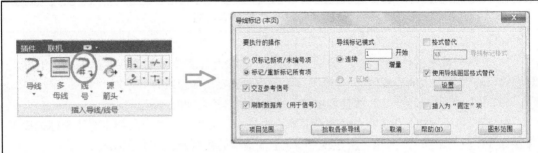

图 6-2-22　打开"导线标记"对话框

3）在"导线标记"对话框中，单击"图形范围""项目范围"或"拾取各条导线"按钮可设置各导线的线号。

"导线标记"对话框说明

要执行的操作：指定是处理所有导线，还是仅处理未标记的新导线。

导线标记模式：指定使用基于顺序或线参考的图形设置。这里的线参考为导线起始端点所在的图样分区名，线参考的后缀按"图形特性"中的定义依次添加。

格式替代：指定要用来替代"图形特性"对话框中所设置的格式的导线标记格式。

使用导线图层格式替代：使用导线图层定义的线号格式来替代"图形特性"或"项目特性"中定义的线号格式。单击"设置"按钮，可弹出"按导线图层指定导线编号格式"对话框。

插入为"固定"项：勾选该项后，以后再次运行线号重新标记操作时，这些线号不更新。

交互参考信号：更新导线信号源/目标符号上的交互参考文字。

刷新数据库（用于信号）：更新导线信号源/目标符号数据库。

项目范围：标记或重新标记项目范围中的布线。

拾取各条导线：仅标记或重新标记在当前图形上选定的布线。

图形范围：标记或重新标记当前图形上的布线。

"按导线图层指定导线编号格式"对话框

在"导线标记"对话框中单击"使用导线图层格式替代"选项下面的"设置"按钮，即可弹出"按导线图层指定导线编号格式"对话框，如图 6-2-23 所示。

图 6-2-23　"按导线图层指定导线编号格式"对话框

◇ 导线列表：列出定义的所有图层格式。

◇ 添加：将新导线图层格式添加到列表。

◇ 更新：在导线列表中指定某图层格式后，该图层格式的数据会自动添加到下面的几个文本框中，修改这些文本框中的值（图层名不可更改）并按"更新"按钮，导线列表中刚才指定的图层格式也将随之改变。

◇ 删除：从列表中删除新导线图层格式。

◇ 导线图层名：输入要修改的导线图层名称或单击"列表"按钮选择有效导线图层，允许使用通配符。

◇ 用于图层的线号格式：定义图层的线号格式，单击"默认值"按钮将自动填入默认线号格式。

◇ 用于此图层的起始导线序号：为图层指定起始序号（适用于连续模式），单击"默认值"按钮将自动填入默认起始序号。

◇ 图层的线号后缀列表：该后缀列表必须是一个以逗号分隔的字符串（适用于参考模式），单击"默认值"按钮将自动填入以逗号分隔的字符串列表。

提示：怎样获取某导线的图层名？

1）把光标放在要加线号的导线上停留几秒，就会弹出提示框，该提示框将告知这个导线属于哪个图层；

2）然后单击"编辑导线/线号"选项卡上的"创建/编辑导线类型"图标，在弹出的图层列表中，寻找并复制要加线号导线的图层名。

6.2.6 线号的编辑

在"原理图"选项卡中的"编辑导线/线号"功能面板上，单击"编辑线号"图标下面的小箭头，将弹出"编辑线号"的下拉列表，在列表中可选择"编辑线号"图标、"固定"图标、"替换"图标、"查找/替换"图标、"隐藏"图标和"取消隐藏"图标。

1. 编辑线号

编辑线号的目的是什么
编辑线号命令可以修改线号值，固定或取消固定线号，还可以更改线号的可见性。
打开"修改/固定/取消固定"对话框

方法一：单击"原理图"选项卡→"编辑导线/线号"功能面板→"编辑线号"图标，再拾取某导线或导线线号，将自动弹出"修改/固定/取消固定"对话框，如图6-2-24所示。

图 6-2-24 "编辑线号"图标

方法二：右击某导线或导线线号后，在弹出的"标记菜单"中单击"编辑线号"命令，也可打开"修改/固定/取消固定"对话框，如图6-2-25所示。

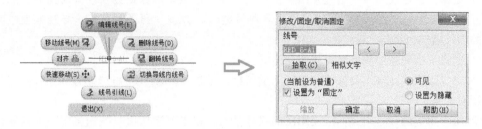

图6-2-25 打开"修改/固定/取消固定"对话框

方法三：在命令行输入"AEEDITWIRENO"，再拾取某导线或导线线号，也可弹出"修改/固定/取消固定"对话框。

详解"修改/固定/取消固定"对话框
◇ 线号：指定要编辑的线号。单击箭头可以显示所有可以编辑的线号。如果输入已经存在的现有线号，则系统将弹出警告对话框，警告使用了重复的线号。  ◇ 拾取：可拾取图样上现有文字图元，预填充"线号"文本框。 ◇ 设置为"固定"：将指定线号固定。 ◇ 可见/设置为隐藏：在图形中显示或隐藏线号。设置为隐藏的线号仍存在并显示在导线报告中。 ◇ 缩放：执行了"编辑线号"命令后，ACE将自动进行范围缩放以跟踪移出屏幕的未标记的导线，单击该按钮后将恢复上一屏幕视图。

2. 固定线号

固定线号的目的是什么
某线号被固定后，将不会在未来重新自动标记所有线号时被更改。
固定线号的方法
单击"原理图"选项卡→"编辑导线/线号"功能面板→"编辑线号"图标 下面的小箭头，在下拉列表中单击"固定"图标 然后拾取某个线号并按Enter键，这时该线号将由绿色变为淡蓝色，表明该线号已被固定。

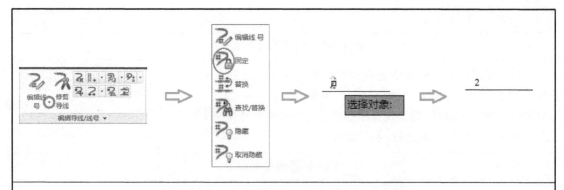

在项目范围内"固定"或"取消固定"所有线号

在"项目"选项卡中的"项目工具"功能面板上，单击"实用程序"图标 后，在弹出的对话框中对线号的"固定/取消固定"做全局设定。

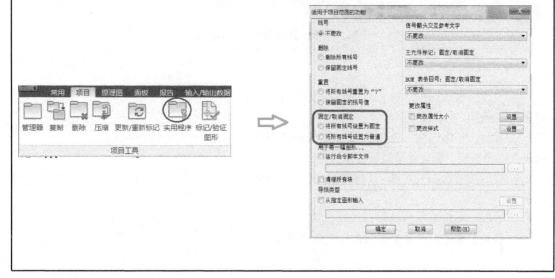

3. 替换线号

替换线号的目的是什么	
交换两根独立导线网络上的线号，如将 604 导线和 605 导线上的线号相互交换。	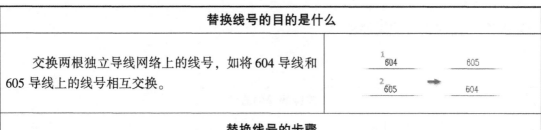
替换线号的步骤	
1）单击"原理图"选项卡→"编辑导线/线号"功能面板→"编辑线号"下拉列表→"替换"图标 。 2）选择第一个导线或线号，然后再选择第二个导线或线号。	

4. 查找/替换线号

查找/替换线号的目的是什么	
在图样或项目图形集中查找和替换线号文字，或查找和替换线号中的部分文字。如查找到线号"506L1""507L1"和"508L1"后，将其中的部分文字替换后得到的新线号为"216L1""217L1"和"218L1"。	506L1 216L1 507L2 → 217L2 508L3 218L3

查找/替换线号的步骤
1）单击"原理图"选项卡→"编辑导线/线号"功能面板→"编辑线号"下拉列表→"查找/替换线号"图标 。 2）然后在弹出的"查找/替换线号"对话框中填写要查找及要替换的线号文字值。 3）单击"查找/替换线号"对话框中的"确定"按钮。

详解"查找/替换线号"对话框	
◇ 全部，准确匹配：指定仅当整个文字值与查找值完全匹配时，才替换该文字。 ◇ 部分，子串匹配：指定如果文字值的任意部分与查找值相匹配，那么就替换该文字。 ◇ 仅匹配首次出现的项：仅替换首次查找到的匹配项。 ◇ 查找：指定要查找的值。 ◇ 替换：指定用来替换查找值的文字字符串。	查找/替换线号 最多填充三组 查找/替换线号文本。 模式： ○ 全部，准确匹配 ● 部分，子串匹配 □ 仅匹配首次出现的项 查找 _____ 替换 _____ 查找 _____ 替换 _____ 查找 _____ 替换 _____ 执行　取消　帮助(H)

6.2.7　编辑线号的其他命令

1. 删除线号

删除线号的方法
在"原理图"选项卡中的"编辑导线/线号"功能面板上，单击"删除线号"图标 ，然后拾取某线号或导线，最后按 Enter 键即可。

注意：执行该命令后，也可框选待删除的多个线号，按 Enter 键后仅删除线号，不会删除被框选的元件及导线。

<table>
<tr><td align="center">**在项目范围内删除所有线号的方法**</td></tr>
<tr><td>

用户也可在项目范围内删除所有线号，具体操作为：在"项目"选项卡中的"项目工具"功能面板上，单击"实用程序"图标后，在弹出的对话框中选择"删除所有线号"或"保留固定线号"，然后单击"确定"按钮。

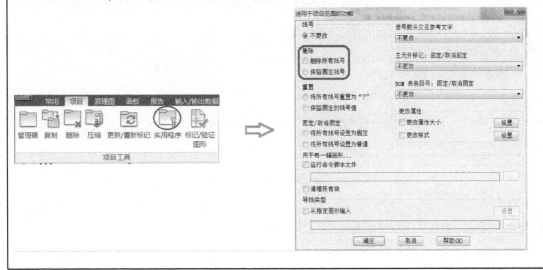

</td></tr>
</table>

2. 复制线号

<table>
<tr><td align="center">**复制线号的目的**</td></tr>
<tr><td>

一根导线的线号可以在导线的不同位置标注多次，用户可用复制线号命令插入线号的额外副本。副本可以放置在导线网络上的任何位置。复制的线号位于导线副本图层上。如果 ACE 修改了主线号，则线号的副本会随之更新。

</td></tr>
<tr><td align="center">**复制线号的方法**</td></tr>
<tr><td>

在"原理图"选项卡中的"编辑导线/线号"功能面板上，单击"复制线号"下拉列表中的"复制线号"图标，然后在某导线上单击要插入额外线号的位置即可。

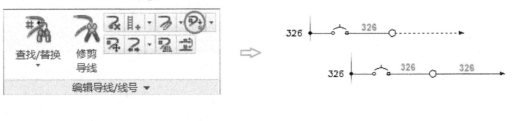

</td></tr>
</table>

3. 复制线号（导线内）

复制线号（导线内）的目的
同"复制线号"，但该命令将线号嵌入到导线内。
复制线号（导线内）的方法
在"原理图"选项卡中的"编辑导线/线号"功能面板上，单击"复制线号"下拉列表中的"复制线号（导线内）"图标，然后在某导线上单击要插入额外线号的位置即可。
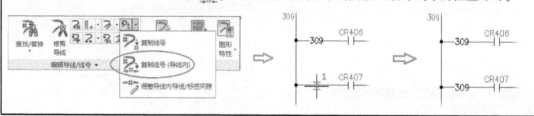

4. 移动线号

移动线号的方法
在"原理图"选项卡中的"编辑导线/线号"功能面板上，单击"移动线号"图标，然后在某导线上单击要移动的位置即可。
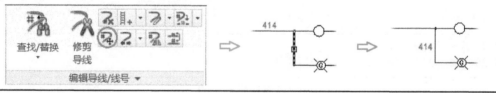

5. 翻转线号

翻转线号的目的
将选定线号移动到导线另一侧的相同位置。
翻转线号的方法
在"原理图"选项卡中的"编辑导线/线号"功能面板上，单击"翻转线号"图标即可。
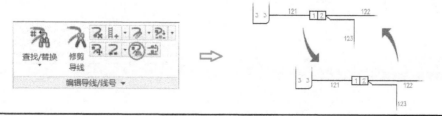

6. 切换线号

切换线号的目的
将线号位置切换到导线外或导线内。

切换线号的方法
在"原理图"选项卡中的"编辑导线/线号"功能面板上，单击"切换导线内线号"图标🔁即可。 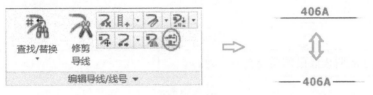

6.2.8 导线的交互参考

1. 导线交互参考的设置

什么是导线的交互参考
导线的交互参考就是位于图样不同区域但属于同一根导线的两个线端的文字注释。由于图样幅面的限制，有时 ACE 软件要将一根完整的导线截成两段在图样的不同区域分别画出，为了表明这两段导线是属于同一根导线的，ACE 会在两个截断处注释该导线段来自何方或去往何处（一般使用图样分区符来指明其来自何方或去往何处）。 　　如图 6-2-26 所示，第一根线的末端注释表明该线段与首端位于 2-B 区的导线同属于一根导线，第三根线的首端注释表明该线段与尾端位于 4-A 区的导线同属于一根导线。 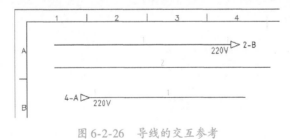 <div align="center">图 6-2-26　导线的交互参考</div>

打开"图形特性"对话框中的"交互参考"选项卡
参看 6.1.3 节中的"5. 元件交互参考的格式设置"。

"交互参考"选项卡说明
如图 6-1-10 所示： （1）**交互参考格式** 用于设置交互参考的注释格式。每个交互参考字符串都必须带有参数%N（它是图样分区

替换符），交互参考字符串的默认格式只包含%N参数，还可以添加其他格式，如"%S.%N"，这里的%S为图样页码。

对于属于同一张图样上的交互参考设置，请使用"同一图形"文本框；对于属于不同图样间的交互参考设置，请使用"图形之间"文本框。

（2）元件交互参考显示（放在元件编辑中讲）

参看6.1.3节的"5.元件交互参考的格式设置"中的"元件交互参考显示"选项组。

2. 源箭头与目标箭头

什么是源箭头	
源箭头用于表明该线段的尾端去往何处。	
插入源箭头	

1）在"原理图"选项卡中的"插入导线/线号"功能面板上，单击"信号箭头"下拉列表中的"源箭头"图标，如图6-2-27所示。

图6-2-27　"源箭头"图标

2）拾取某导线的末端，这时弹出"信号-源代号"对话框（如图6-2-28所示），可在"代号"文本框中填写源信号的代号（该项也可不填），以便ACE软件建立从源导线指向目标导线的内部连接，然后在"描述"文本框中填写对信号的描述（也可不填）。

图6-2-28　"信号-源代号"对话框

3）在"信号-源代号"对话框中单击"确定"按钮后，将弹出"源/目标信号箭头"对话框，如图6-2-29所示。如果导线的交互参考在本图样之内，则直接单击"确定"按钮，以插入目标箭头；如果导线的交互参考在跨图样间的交互参考，则直接单击"否"按钮。

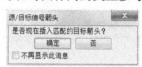

图6-2-29　"源/目标信号箭头"对话框

什么是目标箭头	
目标箭头用于表明该线段的首端来自何处。	4-A▷ $\dfrac{1}{220V}$

插入目标箭头

1）在"原理图"选项卡中的"插入导线/线号"功能面板上，单击"信号箭头"下拉列表中的"目标箭头"图标，如图 6-2-30 所示。

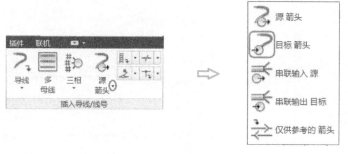

图 6-2-30 "目标箭头"图标

2）拾取某导线的首端，同样弹出"信号–源代号"对话框，如图 6-2-28 所示，如果从最近插入的源箭头中进行匹配，则单击"最近（R）"；如果在本图样范围内匹配插入的源箭头，则单击"图形（D）"；如果在项目范围内匹配插入的源箭头，则单击"项目（P）"。

3）在"信号–源代号"对话框中单击"确定"按钮后，将弹出"信号代号"对话框（如图 6-2-31 所示），这时选择要匹配的源箭头即可。在"信号代号"对话框中，可勾选"显示原箭头代号""显示目标箭头代号""显示不成对箭头代号"以及"全部显示"。

图 6-2-31 "信号代号"对话框

"信号–源代号"对话框中的其他选项

如图 6-2-28 所示：

1）单击"搜索"按钮，可沿着刚才选定的导线，查看另一端是否存在目标箭头。如果存在，则将该原箭头的"代号"及"描述"回填到"信号–源代号"对话框所对应文本框中。

2）单击"拾取"按钮，可拾取下一根导线上的源箭头或目标箭头的"代号"及"描述"回填到"信号–源代号"对话框所对应文本框中。

3）可在"信号箭头样式"选项组中选择源信号要使用的箭头样式。

注意事项

1）要在"更新标题栏"对话框中的右下角勾选"页码"和"重排序页码"，否则"导线交互参考"的文本中会出现"？"，如图 6-2-32 所示。

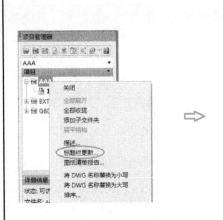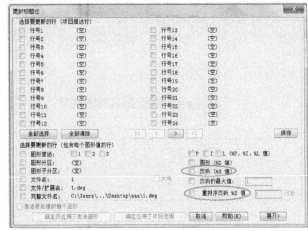

图 6-2-32　更新标题栏

2）如果"导线交互参考"没有正确显现，则应在"项目"选项卡中的"项目工具"功能面板上，单击"更新/重新标记"图标，然后在弹出的对话框中勾选"标记/重新标记线号和信号"并单击"确定"按钮即可，这时 ACE 软件会刷新所有线号和导线交互参考，如图 6-2-33 所示。

图 6-2-33　重新标记线号和信号

6.2.9　图形与项目属性的匹配

打开"比较图形设置和项目设置"对话框

在"项目管理器"中右击图形名称，然后在弹出的下拉列表中选择"特性"及"设置比较"，即可打开"比较图形设置和项目设置"对话框。

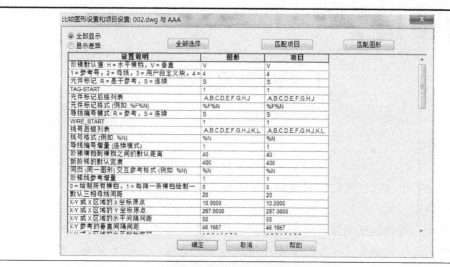

设置说明	图形	项目
阶梯默认值: H = 水平横档，V = 垂直	V	V
1 = 参考号，2 = 母线，3 = 用户自定义块，4 =	4	4
元件标记: R = 基于参考，S = 连续	S	S
TAG-START	1	1
元件标记后缀列表	,A,B,C,D,E,F,G,H,J	,A,B,C,D,E,F,G,H,J
元件标记格式 (例如: %F%N)	%F%N	%F%N
导线编号模式: R = 参考，S = 连续	S	S
WIRE_START	1	1
线号后缀列表	,A,B,C,D,E,F,G,H,J,K,L,	,A,B,C,D,E,F,G,H,J,K,L,
线号格式 (例如: %N)	%N	%N
导线编号增量 (连续模式)	1	1
阶梯横档到横档之间的默认距离	40	40
新阶梯的默认宽度	400	400
同页 (同一图形) 交互参考格式 (例如: %N)	%N	%N
阶梯线参考增量	1	1
0 = 绘制所有横档，1 = 每隔一条横档绘制一	0	0
默认三相母线间距	20	20
X-Y 或 X 区域的 X 坐标原点	10.0000	10.0000
X-Y 或 X 区域的 Y 坐标原点	287.0000	287.0000
X-Y 或 X 区域的水平间隔间距	50	50
X-Y 参考的垂直间隔间距	46.1667	46.1667

确定　取消　帮助

将图形设置和项目设置一致化

选择"全部显示"将显示图形的所有特性设置，而选择"显示差异"时将显示该图样的特有的，且不同于项目的所有特性设置。单击"全部选择"及"匹配项目"，则将图样与项目之间的差异修改为与项目一致；单击"全部选择"及"匹配图形"，则将图样与项目之间的差异修改为与图样一致。

学习情境7

工程图实战

知识目标：掌握原理图的绘制规律；掌握电气元件布置图的绘图规律；掌握电气安装接线图的绘图规律。

能力目标：培养学生利用网络资源进行资料收集的能力；培养学生获取、筛选信息和制定工作计划、方案及实施、检查和评价的能力；培养学生独立分析、解决问题的能力；培养学生的团队工作、交流和组织协调的能力与责任心。

素质目标：培养学生养成严谨细致、一丝不苟的工作作风和严格按照国家标准绘图的习惯；培养学生的自信、竞争和效率意识；培养学生爱岗敬业、诚实守信、服务群众和奉献社会等职业道德。

子学习情境7.1 C620-1型车床电路原理图

工作任务单

情 境	学习情境7 工程图实战					
任务概况	任务名称	C620-1型车床电路原理图	日期	班级	学习小组	负责人
	组员					
任务载体和资讯		载体：AutoCAD Electrical 软件。 资讯： 1. C620-1型车床简介。 2. C620-1型车床电气线路。 3. C620-1型车床电气线路的绘制。				
任务目标	1. 了解 C620-1型车床。 2. 掌握 C620-1型车床电气线路的绘制方法。					

任务要求	**前期准备**：小组分工合作，通过网络收集某检测仪表说明书资料。 **上机实验要求**： 　1. 实验前必须按教师要求进行预习，并写出实验预习报告，无预习报告者不得进行实验；按照教师布置的实验要求、任务进行实验操作，实验过程中发现问题应举手请教师或实验管理人员解答。 　2. 按要求及时整理实验数据，撰写实验报告，完成后统一交给教师批改。 **任务成果**：一份完整的实验报告。 **实验报告要求**：实验报告是实验工作的全面总结，要用简明的形式将实验结果完整和真实地表达出来。因此，实验报告质量的好坏将体现学生的理解能力和动手能力。 　1. 要符合"实验报告"的基本格式要求。 　2. 要注明：实验日期、班级、学号。 　3. 要写明：实验目的、实验原理、实验内容及步骤。 　4. 要求：对实验结果进行分析、总结，书写实验的收获体会、意见和建议。 　5. 要求：文理通顺、简明扼要、字迹端正、图表清晰、结论正确、分析合理、讨论力求深入。

7.1.1　C620 – 1 型车床简介

　　C620 – 1 型车床是能对轴、盘、环等多种类型的工件进行多种工序加工的卧式车床，常用于加工工件的内外回转表面、端面和各种内外螺纹，采用相应的刀具和附件，还可进行钻孔、扩孔、攻丝和滚花等。C620 – 1 型车床是车床中应用最广泛的一种，约占车床类总数的65%，因其主轴以水平方式放置故称为卧式车床。

C620 – 1 型车床的结构
C620 – 1 型车床主要是由床身、主轴箱、进给箱、溜板箱、底座与刀架等几部分组成。 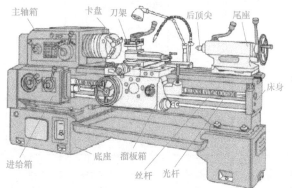 主轴箱　卡盘　刀架　　　后顶尖　尾座 床身 进给箱　底座　溜板箱　丝杆　光杆

机床的有两条传动链，一条传动链为：电动机→主轴箱→卡盘→工件（做回转运动），另一条传动链为：电动机→进给箱→光杠（主要用于普通切削）或丝杆（主要用于加工螺纹）→溜板箱及刀架（做横向运动）。

车床的加工过程简介

卡盘夹持着工件做旋转运动，夹持于刀架上的刀具轻触工件对工件进行切削，与此同时溜板箱协同刀具做自动横向进给。当切削完一层金属后，切断进给传动链并摇动溜板箱上的小手轮纵向退刀，接着摇动溜板箱上的大手轮使得刀具做横向返回运动，返回到指定位置后，再次摇动小手轮纵向进刀，当刀具轻触工件表面后，接通进给传动链进行第二轮切削。

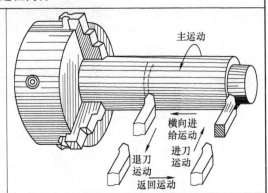

7.1.2　C620－1型车床电气线路

机床共有两台电动机，一台是主轴电动机，带动主轴旋转；另一台是冷却泵电动机，为车削工件时输送冷却液。机床要求两台电动机只能单向运动，且采用全压直接起动。

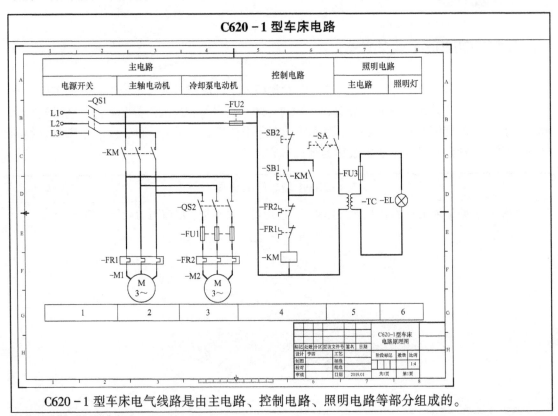

C620－1型车床电气线路是由主电路、控制电路、照明电路等部分组成的。

三相电源开关（QS）	熔断器（FU）	按钮（SB）	电动机（M）
热继电器（FR）	变压器（TC）	接触器（KM）	开关（SA）

各电路的说明

（1）主电路

电动机电源采用380V的交流电源，由电源开关QSI引入。主轴电动机M1的起停由KM的主触点控制，主轴通过摩擦离合器实现正反转；主轴电动机起动后，才能起动冷却泵电动机M2，是否需要冷却，由电源开关QS2控制。熔断器FU1为电动机M2提供短路保护。热继电器FR1和FR2为电动机M1和M2的过载保护，它们的常闭触点串联后接在控制电路中。

（2）控制电路

主轴电动机的控制过程：合上电源开关QS1，按下起动按钮SBI，接触器KM线圈通电使铁心吸合，KM的三个主触点吸合，电动机MI通电起动运转，同时并联在SBI两端的KM辅助触点（3-4）吸合，实现自锁；按下停止按钮SB2，M1停转。

冷却泵电动机的控制过程：当主轴电动机MI起动后（KM主触点闭合），合上QS2，电动机M2得电起动；若要关掉冷却泵，断开QS2即可；当MI停转后，M2也停转。

只要电动机M1和M2中任何一台过载，其相对应的热继电器的常闭触点断开，从而使控制电路失电，接触器KM释放，所有电动机停转。FU2为控制电路的短路保护。另外，控制电路还具有欠电压保护，因为当电源电压低于接触器 KM 线圈额定电压的 85% 时，KM 会自行释放。

（3）照明电路

照明由变压器 TC 将交流 380V 转换为 36V 的安全电压供电，FU3 为短路保护。合上开关 SA，照明灯 EL 亮。照明电路必须接地，以确保人身安全。

C620－1 型车床的电气元件列表

代号	元件名称	型号	规格	件数
M1	主轴电动机	J52－4	7kW、1400r/min	1
M2	冷却泵电动机	JCB－22	0.125kW、2790r/min	1
KM	交流接触器	CJ0－20	380V	1
FR1	热继电器	JR16－20/3D	14.5A	1
FR2	热继电器	JR2－1	0.43A	1
QS1	三相电源开关	HZ2－10/3	380V、10A	1
QS2	三相电源开关	HZ2－10/2	380V、10A	1
FU1	熔断器	RM3－25	4A	3
FU2	熔断器	RM3－25	4A	2
FU3	熔断器	RM3－25	1A	1
SB1、SB2	控制按钮	A1126	5A	1
TC	照明变压器	BK－50	380V/36V	1
EL	照明灯	JC6－1	40W 36V	1

7.1.3　创建项目及图形

创建项目

1）在"项目管理器"中，单击"新建项目"图标 。

2）单击"新建项目"图标 后，会自动弹出"创建新项目"对话框，如图 7-1-1 所示。

图 7-1-1　"创建新项目"对话框

3）在"创建新项目"对话框的名称文本框中填写项目名称"C620-1型车床电路"。

4）然后单击"位置代号"右侧的"浏览..."按钮，在弹出菜单中选择新建项目的存放路径（最好将新建项目放在桌面上，以便查找）。

5）单击"确定"按钮。

新建图形

1）在"项目管理器"中，右击项目名"C620-1型车床电路"，接着在下拉菜单中选择"新建图形"，弹出"创建新图形"对话框，在"名称"文本框中填写图样名称"C620-1型车床电路原理图"，如图7-1-2所示。

图7-1-2 "创建新图形"对话框

2）单击"模板"编辑框旁边的"浏览..."按钮，然后在弹出的"选择模板"对话框中选择"ACE_GB_a2.dwt"，并将之打开，如图7-1-3所示。

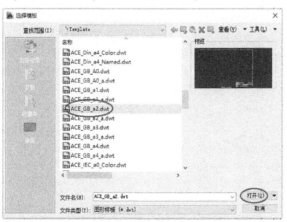

图7-1-3 "选择模板"对话框

3）单击"创建新图形"对话框中的"确定"按钮。

填写标题栏

1）在"项目管理器"中的项目名称"C620-1型车床电路"上右击，然后在下拉列表中选择"描述"，这时将弹出"项目描述"对话框，如图7-1-4所示。

2）在"行号1"处填写自己名字"李四"，在"行号8"处填写日期"2019.01"，在"行号10"处填写比例"1:4"，并单击"确定"按钮。

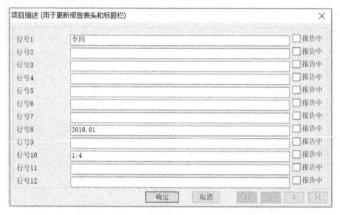

图7-1-4　"项目描述"对话框

3）再次右击"项目管理器"中的项目名称"C620-1型车床电路"，然后在下拉列表中选择"标题栏更新"，这时将弹出"更新标题栏"对话框，如图7-1-5所示。

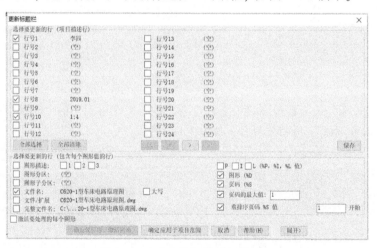

图7-1-5　"更新标题栏"对话框

4）在"更新标题栏"对话框中勾选"行号1""行号8""行号10""文件名""图形""页码""页码的最大值"以及"重排序页码%S值"。

5）单击"确定应用于项目范围"按钮。

6）如图7-1-6所示，在新弹出的"选择要处理的图形"对话框中选择图样的存放路径后，再单击"全部执行"即可。

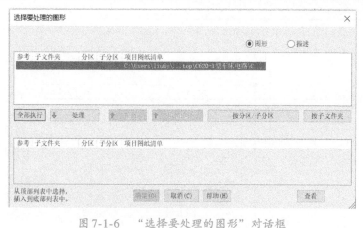

图 7-1-6　"选择要处理的图形"对话框

7.1.4　绘制导线

绘制导线

1）在"项目管理器"中右击图形名称，然后在弹出的下拉列表中选择"特性→图形特性"，打开"图形特性"对话框后，再选择"样式"选项卡。

2）在"样式"选项卡的"布线样式"选项组中，将"导线交叉"方式改为"实心"，将"导线 T 形相交"方式改为"点"。

3）在"原理图"选项卡中，单击"插入导线/线号"功能面板上的"多母线"图标▤，在弹出的"多导线母线"对话框中的"开始于"选项组中，选择"空白区域，水平走向"，然后绘制水平方向三根母线。

4）再次单击"多母线"图标▤，并在弹出对话框中的"开始于"选项组中，选择"其他导线"，后绘制主轴电动机及冷却泵电动机的主电路导线，如图 7-1-7 所示。

5）在"原理图"选项卡下的"插入导线/线号"功能面板中单击"导线"图标↗，以绘制控制电路的导线，如图 7-1-8 所示，由于变压器的二次绕组不能准确插入导线当中，所以在控制电路中先插入变压器，再绘制照明电路。

6）为了方便修改导线线型，先在主、辅电路间插入熔断器。

7）在"默认"选项卡的"图层"功能面板中，打开图层管理器，将图层"YEL_10.0mm^2""GRN_10.0mm^2""RED_10.0mm^2"的线宽改为 0.5mm，将图层"BLK_2.5mm^2"的线宽改为 0.3mm，并在状态栏中单击图标➕，以显示线宽。

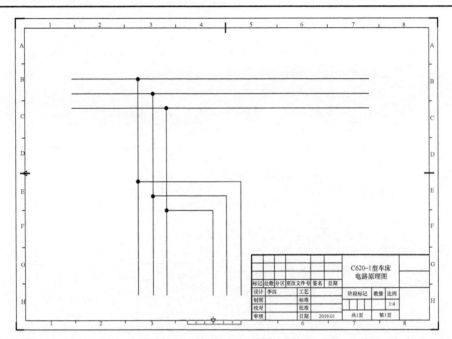

图 7-1-7　绘制主电路导线

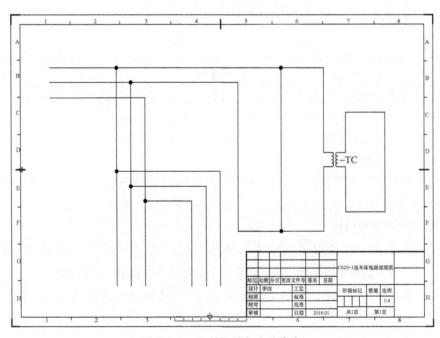

图 7-1-8　绘制控制电路的导线

8）右击导线，在弹出的标记菜单中选择"更改/转换导线类型"，这时将弹出"更改转换导线类型"对话框，在对话框中，将主电路中的导线类型改为"YEL_10.0mm^2""GRN_10.0mm^2"和"RED_10.0mm^2"，将控制电路线型改为"BLK_2.5mm^2"，如图 7-1-9 所示。

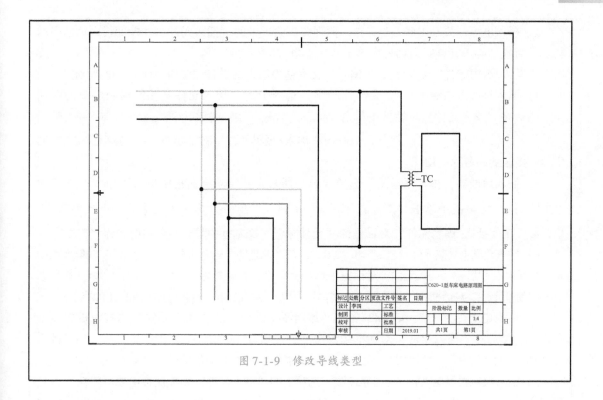

图 7-1-9　修改导线类型

7.1.5　绘制元件

绘制元件

1）元件名称的颜色默认为黄色，当把绘图区背景改为白色时，黄色是不太清晰的，所以这里将元件名称的颜色改为蓝色。具体方法是：在"原理图"选项卡的"图层"功能面板中，打开图层管理器，将图层"TAGS"的颜色由黄色改为蓝色，如图 7-1-10 所示。

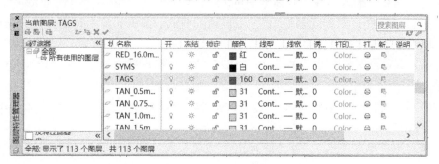

图 7-1-10　修改"TAGS"图层的颜色

2）在进线处插入端子。在"原理图"选项卡的"插入元件"功能面板中单击图标 ⬡，然后在"插入元件"对话框中单击"端子/连接器" → "带线号的圆形端子" ⬡，最后在"插入/编辑端子符号"对话框的编号文本框中填入端子名称，如"L1""L2"及"L3"。

3）插入电源开关 QS1 和 QS2。在"原理图"选项卡的"插入元件"功能面板中单击图标 ⌖，然后在"插入元件"对话框中单击"断路器/隔离开关" ▓→"三级隔离开关" ⋙，最后在"插入/编辑元件"对话框的"编号"文本框中填入端子名称，如"QS1"和"QS2"。

4）插入接触器主触点 KM，在"原理图"选项卡的"插入元件"功能面板中单击图标 ⌖，然后在"插入元件"对话框中单击"电动机控制" ▬→"电动机起动器" ⋙→"带三级常开触点的电动机起动器" ⋙，最后在"插入/编辑元件"对话框的"元件标记"文本框中填入接触器的名称"KM"。

5）插入熔断器，在"原理图"选项卡的"插入元件"功能面板中单击图标 ⌖，然后在"插入元件"对话框中单击"熔断器/变压器/电抗器" ▬→"熔断器" ▮→"三级熔断器" ⫿⫿⫿，最后在"插入/编辑元件"对话框的"元件标记"文本框中填入熔断器的名称"FU2"。

6）插入热继电的热元件"FR1"和"FR2"，在"原理图"选项卡的"插入元件"功能面板中单击图标 ⌖，然后在"插入元件"对话框中单击"电动机控制" ▬→"三级过载" ▬，最后在"插入/编辑元件"对话框的"元件标记"文本框中填入热继电器的名称"FR1"和"FR2"。

7）插入电动机"M1"和"M2"，在"原理图"选项卡的"插入元件"功能面板中单击图标 ⌖，然后在"插入元件"对话框中单击"电动机控制" ▬→"三相电动机" ⬡，最后在"插入/编辑元件"对话框的"元件标记"文本框中填入电动机的名称"M1"和"M2"。

8）插入接触器线圈 KM，在"原理图"选项卡的"插入元件"功能面板中单击图标 ⌖，然后在"插入元件"对话框中单击"电动机控制" ▬→"电动机起动器" ⋙→"电动机起动器" ⊔，最后在"插入/编辑元件"对话框的"元件标记"文本框中填入接触器的名称"KM"。

9）插入热继电的常闭触点"FR1"和"FR2"，在"原理图"选项卡的"插入元件"功能面板中单击图标 ⌖，然后在"插入元件"对话框中单击"电动机控制" ▬→"多级过载常闭触点" ⋋，最后在"插入/编辑元件"对话框的"元件标记"文本框中填入热继电器的名称"FR1"和"FR2"。

10）插入接触器的常开触点"KM"，在"原理图"选项卡的"插入元件"功能面板中单击图标 ⌖，然后在"插入元件"对话框中单击"电动机控制" ▬→"电动机起动器" ⋙→"带常开触点的多级电动机起动器块" ⋋，最后在"插入/编辑元件"对话框的"元件标记"文本框中填入接触器的名称"KM"。

11）插入起动及停车按钮"SB1"和"SB2"，在"原理图"选项卡的"插入元件"功能面板中单击图标 ⌖，然后在"插入元件"对话框中单击"按钮" ▬→"瞬动常开按钮" ⋿ 和"瞬动常闭按钮" ⋿，最后在"插入/编辑元件"对话框的"元件标记"文本框中填入按钮的名称"SB1"和"SB2"。

12）插入照明开关"SA"，在"原理图"选项卡的"插入元件"功能面板中单击图标 ⌖，然后在"插入元件"对话框中单击"选择开关" ⊘→"双档位保持常开触点" ⋋，最后在"插入/编辑元件"对话框的"元件标记"文本框中填入照明开关的名称"SA"。

13）插入照明灯具"EL"，在"原理图"选项卡的"插入元件"功能面板中单击图标 ⌖，然后在"插入元件"对话框中单击"指示灯" ▢→"白炽灯" ⊗，最后在"插入/编辑元件"对话框的"元件标记"文本框中填入照明灯具的名称"EL"。

插入元件后的原理图如图 7-1-11 所示。

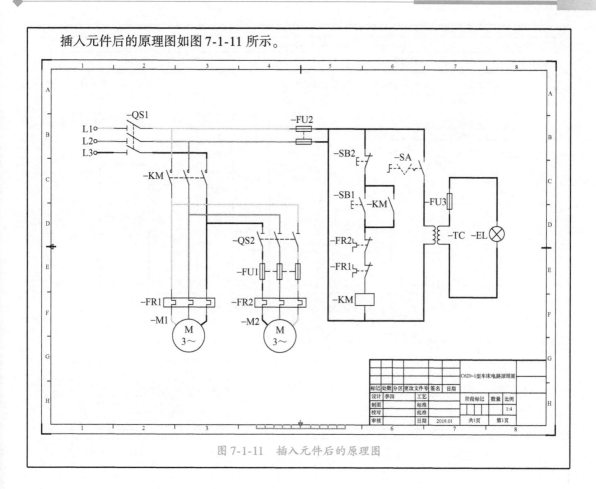

图 7-1-11 插入元件后的原理图

7.1.6 图样分区

图样分区

1）在"默认"选项卡的"图层"功能面板中打开"图层特性管理器"，接着新建一个名为"图样分区"的图层，并把该图层的线宽改为 0.5mm，如图 7-1-12 所示。

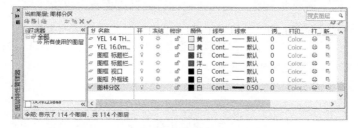

图 7-1-12 新建"图样分区"的图层

2）然后在该图层下绘制图样分区标识，即在电路图的上、下位置绘制几个矩形线框。

3）然后在这几个矩形线框中填写图样分区名及编号，如图 7-1-13 所示。

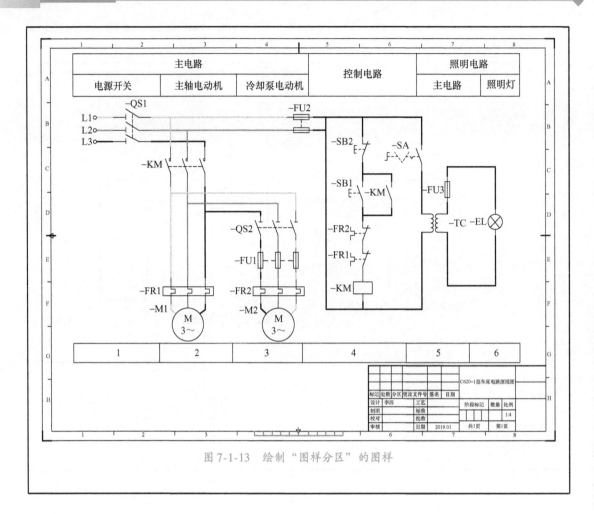

图 7-1-13 绘制"图样分区"的图样

7.1.7 插入线号

插入控制电路线号

1）在"原理图"选项卡中的"插入导线/线号"功能面板上单击"线号"图标 ，这时将弹出"导线标记"对话框。

2）在"导线标记"对话框中，保持默认设置，单击"拾取各条导线"按钮。

3）然后依次拾取控制电路中的导线。

4）最后按 Enter 键即可。

插入照明电路线号

1）在"原理图"选项卡中的"插入导线/线号"功能面板上单击"线号"图标 ，这时将弹出"导线标记"对话框。

2）在"导线标记"对话框中，勾选"格式替代"，并在其对应文本框中填写 10N%，最后单击"拾取各条导线"按钮。

3）依次拾取照明电路中的导线。

4）最后按 Enter 键即可。

插入主电路线号

1）在"原理图"选项卡中的"插入导线/线号"功能面板上单击"线号"图标，下面的小箭头，然后在下拉列表中选择，这时将弹出"三相导线编号"对话框，如图 7-1-14 所示。

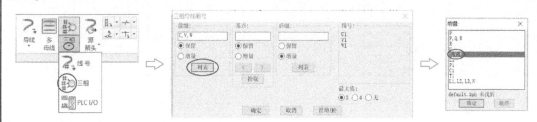

图 7-1-14　插入主电路线号

2）在"三相导线编号"对话框中，单击"前缀"选项组下面的"列表"，并在"列表"对话框中选择"U、V、W"。

3）在"三相导线编号"对话框中，单击"拾取"，并依次拾取电源开关 QS1 后面的三条主干线，最后按 Enter 键确认。

4）再次单击，并在弹出的"三相导线编号"对话框中修改前缀名为"U1、V1、W1"。

5）单击"三相导线编号"对话框中的"拾取"，并依次拾取主轴电动机 M1 上面的三根线，最后按回车键确认。

6）单击，然后在弹出的"三相导线编号"对话框中的"基点"文本框中填入 1。

7）在"三相导线编号"对话框中，单击"拾取"，并依次拾取主轴电动机 M1 上面热继电器所接的三根线，最后按 Enter 键确认。

8）单击，在弹出的"三相导线编号"对话框中修改前缀名为"U2、V2、W2"，然后删掉"基点"中的 1。

9）单击"拾取"，并依次拾取冷却泵电动机 M2 上面的三根线，最后按 Enter 键确认。

10）单击，然后在弹出的"三相导线编号"对话框中的"基点"文本框中填入 2。

11）单击"拾取"，并依次拾取冷却泵电动机 M2 上面的热继电器 FR2 及电源开关 QS2 所接六根线，最后按 Enter 键确认。

绘制完成的电气原理图如图 7-1-15 所示。

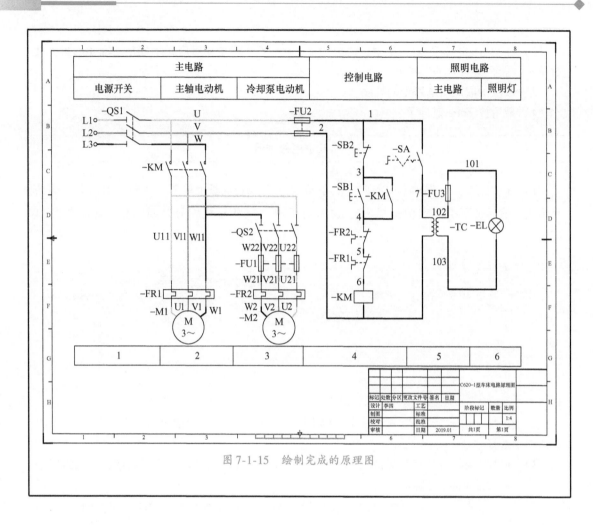

图 7-1-15　绘制完成的原理图

子学习情境 7.2　C620－1 型车床电气元件布置图与安装接线图

情境导入

工作任务单

情　　境	学习情境 7　工程图实战					
任务概况	任务名称	C620－1 型车床电气元件布置图与安装接线图	日期	班级	学习小组	负责人
	组员					

任务载体和资讯		**载体**：AutoCAD Electrical 软件。 **资讯**： 1. C620－1 型车床电气元件布置图。 ① 绘制布置图的元件。 ② 绘制布置图的文字及尺寸标注。 2. C620－1 型车床电气安装接线图。
任务目标		1. 掌握电气元件布置图的绘制方法。 2. 掌握电气安装接线图的绘制方法。
任务要求		**前期准备**：小组分工合作，通过网络收集电气元件布置图与电气安装接线图的资料。 **上机实验要求**： 1. 实验前必须按教师要求进行预习，并写出实验预习报告，无预习报告者不得进行实验；按照教师布置的实验要求）任务进行实验操作，实验过程中发现问题应举手请教师或实验管理人员解答。 2. 按要求及时整理实验数据，撰写实验报告，完成后统一交给教师批改。 **任务成果**：一份完整的实验报告。 **实验报告要求**：实验报告是实验工作的全面总结，要用简明的形式将实验结果完整和真实地表达出来。因此，实验报告质量的好坏将体现学生的理解能力和动手能力。 1. 要符合"实验报告"的基本格式要求。 2. 要注明：实验日期、班级、学号。 3. 要写明：实验目的、实验原理、实验内容及步骤。 4. 要求：对实验结果进行分析、总结，书写实验的收获体会、意见和建议。 5. 要求：文理通顺，简明扼要，字迹端正，图表清晰，结论正确，分析合理，讨论力求深入。

知识链接

7.2.1　C620－1 型车床电气元件布置图

电气元件布置图主要是用来表明电气设备上所有元件的实际位置，为生产机械电气控制设备的制造、安装、维修提供必要的资料。

C620 - 1 型车床各电气元件尺寸

代号	元件名称	型号	尺寸
KM	交流接触器	CJ0 - 20	87mm × 112mm
FR1	热继电器	JR16 - 20/3D	86mm × 46mm
FR2	热继电器	JR2 - 1	71mm × 43mm
QS1	三相电源开关	HZ2 - 10/3	46mm × 46mm
QS2	三相电源开关	HZ2 - 10/2	46mm × 46mm
FU1	熔断器	RM3 - 25	10mm × 38mm
FU2	熔断器	RM3 - 25	10mm × 38mm
FU3	熔断器	RM3 - 25	10mm × 38mm
TC	照明变压器	BK - 50	70mm × 50mm
SA	开关	LA37 - D5B210KP	30mm × 47mm
SB1、SB2	控制按钮	A1126	ϕ12mm
—	端子排	LTUS - 25A/10P	99mm × 22mm

1. 绘制布置图的元件

绘制 C620 - 1 型车床电气元件布置图的电气元件

1）如前所述，在"C620 - 1 型车床电路"项目下新建一张图样，图样名称为"C620 - 1 型车床电气元件布置图"。

2）根据 C620 - 1 型车床的各电气元件尺寸，可预估配电盘尺寸为 400mm × 300mm，所以图样的模板仍然使用"ACE_GB_a2"，电气元件尺寸比例按 1:1 绘制。

3）新建一个名为"轮廓线"的图层，修改该图层的线宽为 0.5mm。

4）进入"轮廓线"图层，并在图样的合适位置绘制一个尺寸为 400mm × 300mm 的矩形，该矩形就是配电盘。

5）然后在状态栏单击 ➕，显示线宽，右击 ▣，再选择 ✕，打开端点捕捉。

6）首先绘制熔断器，捕捉配电盘左上角点，并以之为顶点绘制一个 10mm × 38mm 矩形。

7）在"默认"选项卡下的"修改"功能面板上，单击"复制"图标 ➾，拾取 10mm × 38mm 小矩形，捕捉配电盘左上角点作为基点，在命令行输入相对坐标值"@40，- 40"作为第二点（此时的电气元件距离配电盘边缘为 40mm），绘制 FU3，如图 7-2-1 所示。

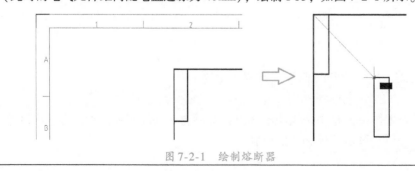

图 7-2-1　绘制熔断器

8）单击"复制"图标，拾取 FU3 熔断器，捕捉 FU3 的左上角点作为基点，在命令行输入相对坐标值"@30，0"作为第二点（此时同类型熔断器间距为20mm，不同类型熔断器间距为30mm），绘制 FU2 熔断器，依次类推绘制 3 个编号为 FU1 的熔断器，最后将配电盘左上角点上的小矩形删掉。

9）绘制照明开关 SA，捕捉 FU3 熔断器左下角点，并以之为顶点绘制一个 30mm×47mm 矩形。

10）在"默认"选项卡下的"修改"功能面板上，单击"移动"图标，拾取 30mm×47mm 矩形，捕捉 FU3 的左下角点作为基点，在命令行输入相对坐标值"@0，-76"作为第二点（这一排元件以下端沿对齐，上下两排元件间距为30mm），按 Enter 键后即可绘制照明开关 SA。

11）绘制电源开关 QS1 和 QS2，捕捉照明开关 SA 右下角点，并以之为右下角点绘制一个 46mm×46mm 矩形。

12）单击"移动"图标，拾取 46mm×46mm 矩形，捕捉 SA 右下角点作为基点，在命令行输入相对坐标值"@20，0"作为第二点，按 Enter 键后即可绘制电源开关 QS1。

13）单击"复制"图标，拾取照明开关 QS1，捕捉 QS1 的左下角点作为基点，在命令行输入相对坐标值"@66，0"作为第二点，按 Enter 键后即可绘制电源开关 QS2。

14）绘制变压器 TC，捕捉照明开关 SA 左下角点，并以之为顶点绘制一个 70mm×50mm 矩形。

15）单击"移动"图标，拾取 70mm×50mm 矩形，捕捉 SA 左下角点作为基点，在命令行输入相对坐标值"@0，-80"作为第二点，按 Enter 键后即可绘制变压器 TC。

16）绘制热继电器 FR1 和 FR2，捕捉变压器 TC 的右下角点，并以之为右下角点绘制一个 86mm×46mm 矩形。

17）单击"移动"图标，拾取 86mm×46mm 矩形，捕捉 TC 的右下角点作为基点，在命令行输入相对坐标值"@20，0"作为第二点，按 Enter 键后即可绘制热继电器 FR1，用同样的方法也可画出热继电器 FR2。

18）绘制端子排，捕捉变压器 TC 的左下角点，并以之为左下角点绘制一个 99mm×22mm 矩形。

19）单击"移动"图标，拾取 99mm×22mm 矩形，捕捉 TC 的左下角点作为基点，在命令行输入相对坐标值"@0，52"作为第二点，按 Enter 键后即可绘制端子排1，同样按前述方法也可画出端子排2。

20）绘制接触器 KM，捕捉电源开关 QS2 的右下角点，并以之为右下角点绘制一个 87mm×112mm 矩形。

21）单击"移动"图标，拾取 87mm×112mm 矩形，再次捕捉电源开关 QS2 右下角点作为基点，在命令行输入相对坐标值"@20，0"作为第二点，按 Enter 键后即可绘制接触器 KM。

22）为了美观和安装方便，选择电气元件与配电盘边沿间距为40mm，而现在右边的间距为74mm，下边间距为14mm，显然配电盘尺寸不符合要求，所以把原配电盘左上角点作为基点绘制一个 366mm×326mm 的矩形作为新的配电盘，而把原来配电盘删掉。

23）最后在配电盘外绘制两个直径为 24mm 的圆作为起动按钮和停止按钮。

电气元件布置图效果如图 7-2-2 所示。

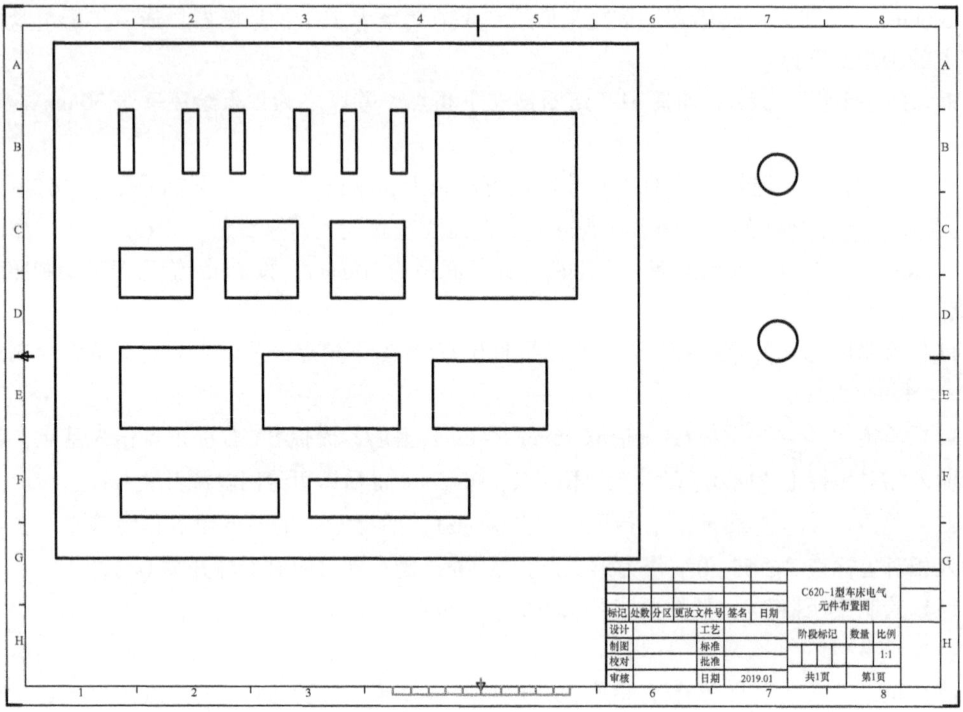

图 7-2-2　绘制各电气元件

2. 绘制布置图的文字符号及尺寸标注

绘制 C620 – 1 型车床电气元件布置图的文字符号

1）首先进入图层 0，并把图层 0 的线宽改为 0.25mm。

2）在"默认"选项卡的"注释"功能面板中，单击下方的小黑三角，然后在下拉列表中再单击图标 A，即可打开"文字样式"对话框，然后在该对话框中将字体改为 romand. shx。

3）在"默认"选项卡的"注释"功能面板的图标 A 下方单击▼，然后在下拉列表中选择"单行文字"命令，接着在绘图区中指定文本插入点，并根据命令行提示，输入文本高度为 8 和旋转角度为 0，最后在绘图区中输入文本内容并按 Enter 键即可完成单行文本的创建。

4）如上所述，依次将交流接触器、热继电器、三相电源开关、熔断器、照明变压器、照明开关的文字符号 KM、FR1、FR2、QS1、QS2、FU1、FU2、FU3、TC、SA 插入到布置图中。

绘制 C620 – 1 型车床电气元件布置图的尺寸标注

1）新建一个名为"尺寸标注"的图层，修改该图层的线宽为 0.25mm，颜色为紫色。

2）在"默认"选项卡的"注释"功能面板的下方单击图标 注释 ▾，然后在下拉列表中单击图标 ，打开"标注样式管理器"对话框。

3）在"标注样式管理器"对话框中，单击"修改（M）..."按钮，打开"修改标注样式"对话框，选择"符号和箭头"选项卡，可修改标注中的箭头大小，这里保持默认值。

4）在"修改标注样式"对话框中选择"文字"选项卡，可修改文字的高度值，这里保持默认值。

5）进入"轮廓线"图层，单击"默认"选项卡的"注释"功能面板的图标"├┤线性"，然后捕捉各电气元件的角点即可绘制各元件的尺寸标注线。

6）单击"默认"选项卡的"注释"功能面板的图标"├┤线性"旁边的小箭头，接着在下拉列表中选择"直径"图标 ，然后捕捉按钮圆即可绘制按钮的尺寸标注线。

电气元件的尺寸标注如图 7-2-3 所示。

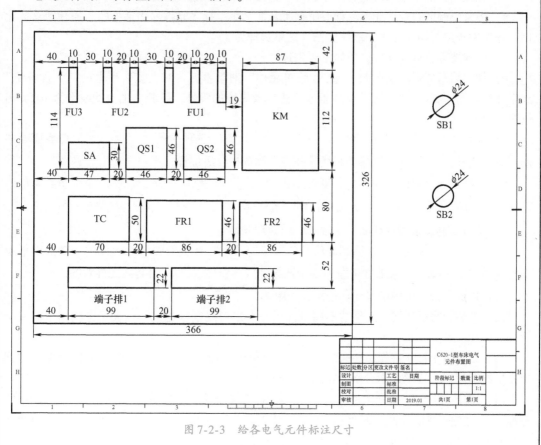

图 7-2-3　给各电气元件标注尺寸

7.2.2　C620-1 型车床电气安装接线图

电气控制线路安装接线图，是为安装电气设备和电气元件进行配线或检修电气故障服务的，它反映了各电气设备的空间位置和相互之间的接线关系。

绘制电气安装接线图的元件

注意：

接线图的元件布局应与布置图元件布局一致，但接线图的尺寸没有布置图那么严格，所以可以不按元件的实际尺寸来绘制各元件。

具体绘制过程如下：

1）在"原理图"选项卡的"图层"功能面板中，打开"图层管理器"，将图层"TAGS"的颜色由黄色改为蓝色。

2）同样新建一个名为"轮廓线"的图层，修改该图层的线宽为0.5mm，进入该图层，绘制配电盘的轮廓线。

3）在配电盘的右上角绘制熔断器，绘制方法和原理图是一样的。

4）不管绘制的是什么元件，都要根据实际情况在"插入元件"对话框的"原理图缩放比例"窗口中指定要插入元件的缩放比例（这里选择为3）。

5）一般要竖直放置元件，所以不要勾选"插入元件"对话框下面的"水平"选项。

6）插入熔断器后，会弹出"插入/编辑元件"对话框，这时在该对话框的"元件标记"文本框输入元件名称，"端号"文本框输入进线及出线的线号，如FR3的进线线号为102，出线线号为101。

7）如果线号放置的位置不对，可以单击"原理图"选项卡的"编辑元件"功能面板中的"移动属性"图标，以移动某线号并将之放置在合适位置。

8）如果线号放置的方向不对，可以单击"原理图"选项卡的"编辑元件"功能面板中图标旁边的小箭头，在下拉列表中选择"旋转属性"图标，以旋转线号的放置方向。

9）接着绘制接触器的线圈、主触点、辅助常开触点。

10）等到将一排电气元件绘制好后，单击"原理图"选项卡的"编辑元件"功能面板中图标旁边的小箭头，接着在下拉列表中选择"对齐"图标，可将各元件对齐。

11）以此类推，可将所有元件绘出，如图7-2-4所示。

12）然后，将属于同一元件的不同组件用一个矩形线框框起来，以表示它们属于同一个元件。

13）绘制端子排，首先绘制一个矩形，然后单击"原理图"选项卡的"编辑元件"功能面板中的图标，将该矩形分解为4条独立的线段。

14）单击"默认"选项卡的"绘图"功能面板中下边的小箭头，然后单击"定数等分"图标，在端子排矩形的上下两条线上分别插入9个等分点，并单击"默认"选项卡的"实用工具"功能面板中下边的"点样式"，使得刚插入的分点显现出来。

15）将端子排上刚插入的上下正对分点用直线工具连接起来，使得端子排上形成10个接线端子。

16）因为需要两个接线端子排，所以再复制一份与原有端子排并列放置。

17）利用"单行文本"工具在端子排上填写端子名称，如果此时的文字宽度太宽，可以单击"原理图"选项卡的"编辑文件"功能面板中的"压缩属性/文字"图标，对文字宽度进行压缩。

绘制的电气元件效果如图7-2-5所示。

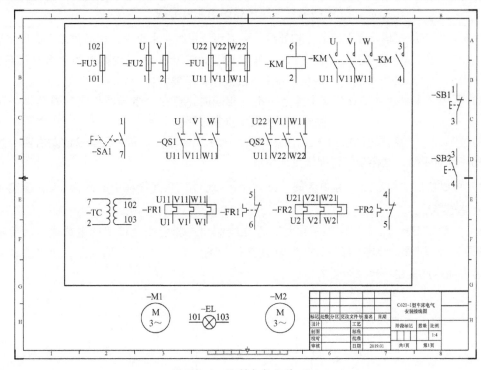

图 7-2-4　绘制电气元件（1）

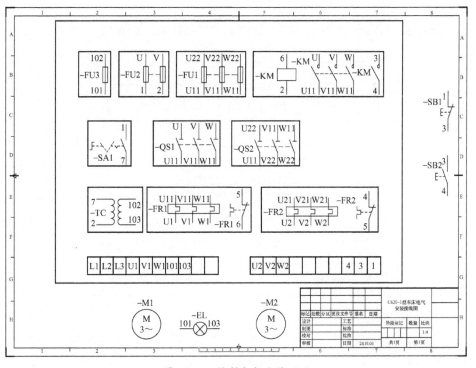

图 7-2-5　绘制电气元件（2）

绘制电气安装接线图的元件导线

注意：对于从三相元件引出的三相导线，可以用一根线段来表示，这样图样会更加简洁。

1）首先单击"多母线"图标▤，从三相元件引出三相导线（在弹出的"多导线母线"对话框中选择"开始于元件"），注意三相引出线绘制得不要太长。

2）利用"多母线"工具从端子排上引出三相线时，要在"多导线母线"对话框中选择"开始于空白区域，垂直走向"，此外，还要设置垂直间距。

3）然后开始绘制线槽中的走线，注意走线均为水平走向，只有在配电盘的左右两个边沿处才允许垂直走线，这样会使得配线更加整洁。

4）可以使用"原理图"选项卡的"插入导线/线号"功能面板中的图标 ⁊，绘制多芯电缆及其他导线。

5）注意三相线与三芯电缆连接画法，首先绘制出三相引线及单根的电缆线，然后单击"原理图"选项卡的"编辑导线/线号"功能面板中的"拉伸导线"图标 Ɀ，使得三相引线与三芯电缆线连接在一起，如图7-2-6所示。

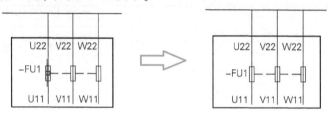

图7-2-6 电路的多线表示法

6）以此类推，可画出C620-1型车床的电气安装接线图，如图7-2-7所示。

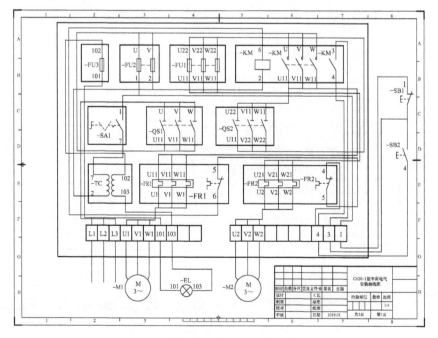

图7-2-7 绘制好的电气安装接线图

附　　录

附录 A　AutoCAD 常用键盘快捷命令速查表

快捷键	功　能	快捷键	功　能
F1	AutoCAD 帮助	Ctrl + A	全选
F2	图形/文本窗口切换	Ctrl + B	捕捉模式
F3	对象捕捉	Ctrl + C	复制
F4	三维对象捕捉	Ctrl + D	坐标显示
F5	等轴测平面切换	Ctrl + E	等轴测平面切换
F6	坐标显示	Ctrl + F	对象捕捉
F7	栅格模式	Ctrl + G	栅格模式
F8	正交模式	Ctrl + K	超链接
F9	捕捉模式	Ctrl + L	正交
F10	极轴追踪	Ctrl + N	新建文件
F11	对象捕捉追踪	Ctrl + O	打开文件
F12	动态输入	Ctrl + P	打印输出
Ctrl + 0	全屏显示	Ctrl + S	保存
Ctrl + 1	特性管理器	Ctrl + T	数字化仪模式
Ctrl + 2	设计中心	Ctrl + U	极轴追踪
Ctrl + 3	工具选项板窗口	Ctrl + V	粘贴
Ctrl + 4	图样集管理器	Ctrl + W	对象捕捉追踪
Ctrl + 5	信息选项板	Ctrl + X	剪切
Ctrl + 6	数据库连接	Ctrl + Y	重复上一次操作
Ctrl + 7	标记集管理器	Ctrl + Z	取消上一次操作
Ctrl + 8	快速计算器	Ctrl + Shift + C	带基点复制
Ctrl + 9	命令行	Ctrl + Shift + S	另存为
Delete	删除	Ctrl + Shift + V	粘贴为块
End	跳到最后一帧	Ctrl + Shift + P	快捷特性

附录 B AutoCAD 常用工具按钮速查表

名 称	按钮	命令	功 能
直线		L	创建直线
点		PO	创建点对象
圆		C	用于绘制圆
圆弧		A	用于绘制圆弧
椭圆		EL	创建椭圆或椭圆弧
图案填充		H、BH	以对话框的形式为封闭区域填充图案
编辑图案填充		HE	修改现有的图案填充对象
边界		BO	以对话框的形式创建面域或多段线
定数等分		DIV	按照指定的等分数目等分对象
圆环		DO	绘制填充圆或圆环
圆环		TOR	创建圆环形对象
多线		ML	用于绘制多线
多段线		PL	创建二维多段线
正多边形		POL	用于绘制正多边形
矩形		REC	绘制矩形
面域		REG	创建面域
构造线		XL	创建无限长的直线（即参照线）
编辑多段线		PE	编辑多段线和三维多边形网格
样条曲线		SPL	创建二次或三次（NURBS）样条曲线
编辑样条曲线		SPE	用于对样条曲线进行编辑
打断		BR	删除图形一部分或把图形打断为两部分
倒角		CHA	给图形对象的边进行倒角
删除		E	用于删除图形对象
分解		X	将组合对象分解为独立对象
延伸		EX	用于根据指定的边界延伸或修剪对象
拉伸		EXT	用于拉伸或放样二维对象以创建三维模型
拉伸		S	用于移动或拉伸图形对象
圆角		F	用于为两对象进行圆角
拉长		LEN	用于拉长或缩短图形对象

（续）

名　称	按钮	命　令	功　能
镜像		MI	根据指定的镜像轴对图形进行对称复制
移动		M	将图形对象从原位置移动到所指定的位置
阵列		AR	创建按指定方式排列的对象副本
比例		SC	在 X、Y 和 Z 方向等比例放大或缩小对象
偏移		O	按照指定的偏移间距对图形进行偏移复制
对齐		AL	用于对齐图形对象
旋转		RO	绕基点移动对象
修剪		TR	用其他对象定义的剪切边修剪对象
定距等分		ME	按照指定的间距等分对象
复制		CO/CP	用于复制图形对象
特性		CH	特性管理窗口
颜色		COL	定义图形对象的颜色
线型比例		LTS	用于设置或修改线型的比例
线宽		LW	用于设置线宽的类型、显示及单位
特性匹配		MA	把某一对象的特性复制给其他对象
图层		LA	用于设置或管理图层及图层特性
线型		LT	用于创建、加载或设置线型
列表		LI/LS	显示选定对象的数据库信息
角度标注		DAN	用于创建角度标注
基线标注		DBA	从上一或选定标注基线处创建基线标注
圆心标注		DCE	创建圆和圆弧的圆心标记或中心线
连续标注		DCO	从基准标注的第二尺寸界线处创建标注
直径标注		DDI	用于创建圆或圆弧的直径标注
编辑标注		DOV	用于编辑尺寸标注
对齐标注		DAL	用于创建对齐标注
线性标注		DLI	用于创建线性尺寸标注
坐标标注		DOR	创建坐标点标注

（续）

名　称	按钮	命令	功　能
半径标注		DRA	创建圆和圆弧的半径标注
公差标注		TOL	创建形位公差标注
标注样式		D	创建或修改标注样式
快速引线		LE	快速创建引线和引线注释
单行文字		DT	创建单行文字
多行文字		T/MT	创建多行文字
编辑文字		ED	用于编辑文本对象和属性定义
样式		ST	用于设置或修改文字样式
表格		TB	创建表格
表格样式		TS	设置和修改表格样式
距离		DI	用于测量两点之间的距离和角度
选项		OP	自定义 AutoCAD 设置
绘图顺序		DR	修改图像和其他对象的显示顺序
草图设置		DS	用于设置或修改状态栏上的辅助绘图功能
对象捕捉		OS	设置对象捕捉模式
实时平移		P	用于调整图形在当前视口内的显示位置
二维填充		SO	用于创建二维填充多边形
插入		I	用于插入已定义的图块或外部文件
写块		W	创建外部块或将内部块转变为外部块
创建块		B	创建内部图块，以供当前图形文件使用
定义属性		ATT	以对话框的形式创建属性定义
编组		G	用于为对象进行编组，以创建选择集
重画		R	刷新显示当前视口
全部重画		RA	刷新显示所有视口
重生成		RE	重生成图形并刷新显示当前视口
全部重生成		REA	重新生成图形并刷新所有视口
重命名		REN	对象重新命名

（续）

名　称	按钮	命令	功　能
楔体		WE	用于创建三维楔体模型
三维阵列		3A	将三维模型进行空间阵列
三维旋转		3R	将三维模型进行空间旋转
三维移动		3M	将三维模型进行空间位移
渲染		RR	创建具有真实感的着色渲染
旋转实体		REV	绕轴旋转二维对象以创建对象
切割		SEC	用剖切平面和对象的交集创建面域
剖切		SL	用平面剖切一组实体对象
消隐		HI	用于对三维模型进行消隐显示
差集		SU	用差集创建组合面域或实体对象
交集		IN	用于创建重叠两对象的公共部分
并集		UNI	用于创建并集对象
单位		UN	用于设置图形的单位及精度
视图		V	保存、恢复或修改视图
导入		IMP	向 AutoCAD 输入多种文件格式
输出		EXP	以其他文件格式保存对象
设计中心		ADC	设计中心资源管理器
外部参照绑定		XB	将外部参照依赖符号绑定到图形中
外部参照管理		XR	控制图形中的外部参照
外部参照		XA	用于向当前图形中附着外部参照

参 考 文 献

[1] 杨筝. 电气 CAD 制图与设计 [M]. 北京：化学工业出版社，2015.

[2] 陈冠玲. 电气 CAD 基础教程 [M]. 北京：清华大学出版社，2011.

[3] 黄玮. 电气 CAD 实用教程 [M]. 3 版. 北京：人民邮电出版社，2016.

[4] 张静，唐静，李骥. 电气 CAD 项目化教程 [M]. 北京：化学工业出版社，2018.

[5] 于斌. 电气 CAD 应用与实践（AutoCAD 2014）[M]. 北京：电子工业出版社，2017.

[6] 张煜，严兴喜. 电气 CAD 项目教程 [M]. 北京：中国铁道出版社，2016.